“1+X”职业技能等级证书配套教材
教育部首批国家级职业教育教师教学创新团队项目支持（编号：GG2020N00001）

粮农食品安全评价职业技能等级证书

培训考评手册

（中级）

主编　句荣辉　罗红霞
主审　刘　冬　黄昆仑

中国轻工业出版社

图书在版编目（CIP）数据

粮农食品安全评价职业技能等级证书培训考评手册：中级 / 句荣辉，罗红霞主编. — 北京：中国轻工业出版社，2025.1
ISBN 978-7-5184-3577-7

Ⅰ. ①粮…　Ⅱ. ①句…　②罗…　Ⅲ. ①食品安全—职业技能—鉴定—教材　Ⅳ. ①TS201.6

中国版本图书馆CIP数据核字（2021）第128090号

责任编辑：张　靓　王宝瑶　　责任终审：白　洁　　整体设计：锋尚设计
策划编辑：张　靓　　责任校对：吴大朋　　责任监印：张京华

出版发行：中国轻工业出版社（北京鲁谷东街5号，邮编：100040）
印　　刷：三河市万龙印装有限公司
经　　销：各地新华书店
版　　次：2025年1月第1版第5次印刷
开　　本：787×1092　1/16　印张：16.75
字　　数：380千字
书　　号：ISBN 978-7-5184-3577-7　定价：55.00元
邮购电话：010-85119873
发行电话：010-85119832　010-85119912
网　　址：http://www.chlip.com.cn
Email：club@chlip.com.cn

242572J4C105ZBW

《粮农食品安全评价职业技能等级证书培训考评手册》编审专家委员会

本书编审人员

主　编　句荣辉（北京农业职业学院）

罗红霞（北京农业职业学院）

主　审　刘　冬（深圳职业技术学院）

黄昆仑（农业农村部农产品质量监督检验测试中心，北京）

副主编　解振强（江苏农林职业技术学院）

张　爽（芜湖职业技术学院）

陈树兴（河南科技大学）

朱维军（河南农业职业学院）

刘　伟（杨凌职业技术学院）

参　编　杜淑霞（广东轻工职业技术学院）

朱建军（锡林郭勒职业学院）

王彦平（河南农业职业学院）

余奇飞（漳州职业技术学院）

阙　斐（浙江经贸职业技术学院）

李　意（广东环境保护工程职业学院）

刘莉萍（深圳职业技术学院）

朱晓彦（江苏农林职业技术学院）

叶江雷（厦门海洋职业技术学院）

谢　洁（广西工商职业技术学院）

张　迪（黑龙江交通职业技术学院）

熊素敏（山东商务职业学院）

王丹青（山东畜牧兽医职业学院）

张莉杰（漯河食品职业学院）

郝慧敏（鹤壁职业技术学院）
王　芬（山西运城农业职业技术学院）
陈智理（广西农业职业技术学院）
丁原春（黑龙江职业学院）
高　涵（辽宁农业职业技术学院）
鲁　曾（日照职业技术学院）
王孟宇（云南农业职业技术学院）
高淑娟（德州职业技术学院）
解彦平（“1+X”粮农食品安全评价职业教育培训评价组织）
马丽艳（农业农村部农产品质量监督检验测试中心，北京）
林　莉（北京三元食品股份有限公司）
吴秀英［内蒙古蒙牛乳业（集团）股份有限公司］
史智佳（新希望集团食品研究院）
刘旭明（德青源国家蛋品工程技术研究中心）
刘拉平（农业农村部农产品质量监督检验测试中心，杨凌）
秦学磊（河南华测检测技术有限公司）
张　婷（深圳市中鼎检测技术有限公司）
国　伟（中国检验检疫科学研究院）
杨小蓉（四川省疾病预防控制中心微生物所）
王其传（淮安柴米河农业科技股份有限公司）
徐春峰（黑龙江省粮食质量安全监测中心）
荣群利（广西壮族自治区南宁粮食储备库有限公司）
陈会民（洛阳市农产品安全检测中心）
吉日文（广西壮族自治区产品质量检验研究院）
王　琳（太原海关技术中心）
张文海（福建安井食品股份有限公司）
蓝梦哲（广东广电计量检测股份有限公司）
蔡忠深（深圳市中恒国科信息技术有限公司）
张克月（深圳市中恒国科信息技术有限公司）
麻晓莉（南宁海关技术中心）

前言

《粮农食品安全评价职业技能等级证书培训考评手册》（以下简称《手册》）分为初级、中级、高级三个级别，共三册，每册由5大模块，20个培训考核项目和若干技能点组成。初级、中级、高级三个级别培训考评技能点依次从易到难延伸，体现了教育教学规律和产业链岗位技能需求。每个模块设计有培训考评目标，包含了素质、知识和技能要求，力求做到知识传授、能力培养与价值引领的统一。《手册》以粮农食品安全评价职业技能等级证书标准为依据编写，涵盖了从田间到餐桌全产业链与粮农食品安全相关的各岗位（群）能力要求及培训考评标准，突出了证书的全产业链特点、学科交叉互补特点、满足职业岗位需求特点、食品安全与评价特点、技能强化拓展特点、现代教育技术应用特点、技能等级特点、岗课赛证融通特点等。在模块、项目和技能点的选取方面突显了专业互补交叉和拓展特点，在教育新技术的应用和呈现方面具有显著的时代性和先进性，体现了教育部实施“1+X”证书制度的政策和内涵。

《手册》包括粮农食品生产环境安全评价、粮农食品加工过程安全评价、粮农食品安全检测与评价、粮农食品安全管理、粮农食品质量追溯5大模块；20个考核项目包括粮农作物生产安全评价，投入品（除种子外其他）调查与评价，产地环境监管与评价，粮油加工环节检测与安全评价，粮油储运环节检测与安全评价，乳与乳制品加工安全评价，肉、蛋及其制品加工安全评价，果蔬加工安全评价，饮料加工安全评价，水产品加工安全评价，微生物检测安全评价，农药残留检测安全评价，兽药残留检测安全评价，食品添加剂检测安全评价，非法添加物检测安全评价，粮农食品安全标准及法规，粮农食品安全管理体系建立，食品贮藏、加工与流通过程安全管理与控制，粮食作物追溯信息的采集与记录，畜产品追溯信息的采集与记录；考核技能点分别为初级56个、中级48个、高级49个。每个技能点分资料单和任务单两部分，资料单明确了技能点的规范操作及流程，任务单明确了技能培训实施方法、考核流程和考核标准；每个考核项目后面配有知识习题及答案，有助于对该考核项目知识点的培训及考核。同时，项目配备了相应的仿真操作软件，应用信息化虚拟现实的手段，弥补实操资源的不足，从深度、广度、时间和空间上弥补实操的局限，顾及了全国相关专业开设层次不均、水平不一、投入不等的现状，使技能考核更具全面性、先进性、普及性和参与性。

《手册》是在“1+X”粮农食品安全评价职业教育培训评价组织的指导下，由北京农业职业学院罗红霞教授负责组织全国30多所院校专家和20多家行业企业专家共同编写完成。初级由王玉军、罗红霞主编；中级由句荣辉、罗红霞主编；高级由罗红霞、邓毛程主编。

《手册》以模块、项目和技能点形式编写、以工作手册式呈现，并将仿真操作内容、习题答案和技能评分表等相关资源以二维码形式嵌入书中，实现信息技术、互联网与技能的有机融合。《手册》的体例、内容和形式均充分体现了教育部“证书制度试点”和“三教”改革的精神内涵，不仅可作为中、高等职业院校和应用型本科院校的培训考评用书，还可作为粮农食品生产质量控制、粮农食品质量检验、安全卫生监督人员、粮农食品行业协会等工作者的参考用书。

由于编者水平所限，书中难免有疏漏、错误之处，敬请广大读者批评指正。

编者

2021年9月

目录

模块五

粮农食品质量追溯

模块一

粮农食品生产环境安全评价

通过对粮农作物生产安全评价、投入品（除种子外）调查与评价、产地环境监管与评价三个项目的资料单的知识学习和任务单的操作实践，了解和掌握灌溉水化学需氧量测定、灌溉水中重金属六价铬的测定、农田空气中二氧化硫的测定与评价、土壤中有机质含量的测定、土壤有效磷的监测与评价和农田空气环境监管与评价等知识点和技能点对粮农食品安全评价的重要性，提高学生的技术技能水平、分析问题的能力，培养学生严谨求实的科学态度和工匠精神，根植社会责任感和爱国情怀。

考核项目一 粮农作物生产安全评价

技能操作一 灌溉水化学需氧量测定

资料单

一、原理

化学需氧量（COD_{Cr}）是指在一定条件下，经重铬酸钾氧化处理时，水样中的溶解性物质和悬浮物所消耗的重铬酸盐所对应的氧的质量浓度，以mg/L表示。

在水样中加入已知量的重铬酸钾溶液，并在强酸介质下以银盐作催化剂，经沸腾回流后，以试亚铁灵为指示剂，用硫酸亚铁铵滴定水样中未被还原的重铬酸钾，由消耗的重铬酸钾的量计算出消耗氧的质量浓度。

在酸性重铬酸钾条件下，芳香烃和吡啶难以被氧化；在硫酸银催化作用下，直链脂肪族化合物可有效地被氧化。

无机还原性物质如亚硝酸盐、硫化物和二价铁盐等将使COD_{Cr}测定结果增大，其需氧量也是COD_{Cr}的一部分。

本操作参考HJ 828—2017《水质　化学需氧量的测定　重铬酸盐法》。

二、试剂和材料

除非另有说明，本操作所用试剂均为分析纯；实验用水均为新制备的超纯水、蒸馏水或同等纯度的水。

（1）硫酸（H_2SO_4，ρ =1.84g/mL）：优级纯。

（2）重铬酸钾（$K_2Cr_2O_7$）：基准试剂，取适量重铬酸钾在105℃烘箱中干燥至恒重。

（3）硫酸银（Ag_2SO_4）。

（4）硫酸汞（$HgSO_4$）。

（5）硫酸亚铁铵（[（NH_4）$_2$Fe（SO_4）$_2$·6H_2O]）。

（6）邻苯二甲酸氢钾（$KC_8H_5O_4$）。

（7）七水合硫酸亚铁（$FeSO_4$· 7H_2O）。

（8）硫酸溶液：1+9（*V*/*V*）。

（9）重铬酸钾标准溶液［c（$\frac{1}{6}K_2Cr_2O_7$）=0.2500mol/L］：称取预先在120℃烘干2h

的基准或优质纯重铬酸钾12.258g溶于水中，移入1000mL容量瓶，稀释至标线，摇匀。

（10）硫酸银–硫酸溶液：称取 10g 硫酸银，加到 1 L 硫酸中，放置 1～2 d使之溶解，并摇匀，使用前小心摇动。

（11）硫酸汞溶液（ρ =100g/L）：称取10g 硫酸汞，溶于100mL硫酸溶液中，混匀。

（12）硫酸亚铁铵标准溶液（0.05mol/L）：称取19.5g硫酸亚铁铵溶解于水中，加入10mL硫酸，待溶液冷却后稀释至1000mL。

每日临用前，必须用重铬酸钾标准溶液准确标定硫酸亚铁铵溶液的浓度，标定时应做平行双样。

取5.00mL重铬酸钾标准溶液置于锥形瓶中，用水稀释至约50mL，缓慢加入15mL硫酸，混匀，冷却后加入 3 滴（约 0.15mL）试亚铁灵指示剂，用硫酸亚铁铵滴定，溶液的颜色由黄色经蓝绿色变为红褐色即为终点，记录下硫酸亚铁铵的消耗量V（mL）。

硫酸亚铁铵标准溶液浓度按下式计算：

$$c=\frac{5.00\times0.250}{V}$$

式中 c——硫酸亚铁铵标准溶液浓度，mol/L；

V——滴定时消耗硫酸亚铁铵溶液的体积，mL；

5.00——重铬酸钾标准溶液的体积，mL;

0.250——重铬酸钾标准溶液的浓度，mol/L。

（13）硫酸亚铁铵标准溶液（0.005mol/L）：将标定后的硫酸亚铁铵标准溶液（0.05mol/L）准确稀释10 倍，每次临用前标定。

（14）邻苯二甲酸氢钾标准溶液（$KC_8H_5O_4$，2.0824 mmol/L）：称取105℃干燥2h的邻苯二甲酸氢钾0.4251g溶于水，并稀释至1000mL，混匀。以重铬酸钾为氧化剂，将邻苯二甲酸氢钾完全氧化的COD_{Cr} 值为1.176g氧/克（即1g邻苯二甲酸氢钾耗氧1.176g），故该标准溶液理论的COD_{Cr}值为500mg/L。

（15）试亚铁灵指示剂：称取1.485g邻菲罗啉（$C_{12}H_8N_2 \cdot H_2O$）0.695g硫酸亚铁（$FeSO_4 \cdot 7H_2O$）溶于水中，稀释至100mL，贮于棕色瓶中。

（16）防爆沸玻璃珠。

三、仪器和设备

（1）回流装置：250mL磨口锥形瓶的全玻璃回流装置，可选用水冷或风冷全玻璃回流装置，其他等效冷凝回流装置亦可。

（2）加热装置：电炉或其他等效消解装置。

（3）分析天平：感量为0.0001g。

（4）酸式滴定管：25mL或50mL。

（5）一般实验室常用仪器和设备。

四、分析步骤

1.样品的采集与保存

按照相关规定进行水样的采集和保存。采集水样的体积不得少于100mL。

采集的水样应置于玻璃瓶中，并尽快分析，如不能立即分析时，应加入硫酸至pH<2，置于4℃下保存，保存时间不超过5d。

2.样品消解准备

取10.0mL水样于锥形瓶中，依次加入硫酸汞溶液、重铬酸钾标准溶液5.00mL和5颗左右防爆沸玻璃珠，摇匀（硫酸汞溶液最大加入量为2mL）。将锥形瓶连接到回流装置冷凝管下端，从冷凝管上端缓慢加入15mL硫酸银–硫酸溶液，以防止低沸点有机物的逸出，不断旋动锥形瓶使之混合均匀。

3.消解处理

将样品锥形瓶加热回流2h（自开始沸腾计时）。回流冷却后，自冷凝管上端加入45mL水冲洗冷凝管，使溶液体积在70mL左右，取下锥形瓶，否则因酸度太大，会使滴定终点不明显。

4.滴定测定

样品溶液冷却至室温后，加入3 滴试亚铁灵指示剂溶液，用硫酸亚铁铵标准溶液滴定，溶液的颜色由黄色经蓝绿色变为红褐色即为终点。记下硫酸亚铁铵标准溶液的消耗体积V_1。

样品浓度低时，取样体积可适当增加。

5.空白实验

按步骤“4.滴定测定”以10.0mL试剂水代替水样进行空白实验，记录下空白滴定时消耗硫酸亚铁铵标准溶液的体积V_0。

空白实验中硫酸银–硫酸溶液和硫酸汞溶液的用量应与样品中的用量保持一致。

五、结果分析

$$COD_{Cr}=\frac{8000\left(V_0-V_1\right)\cdot c}{V_2}$$

式中 COD_{Cr}——化学需氧量，mg/L；

c——硫酸亚铁铵标准溶液的浓度，mol/L；

V_0——滴定空白时硫酸亚铁铵标准溶液用量，mL；

V_1——滴定水样时硫酸亚铁铵标准溶液用量，mL；

V_2——水样的体积，mL；

8000——$\frac{1}{4}O_2$的摩尔质量的mg/L为单位的换算值。

结果保留三位小数。

六、精密度

每批样品应做 10%的平行样。若样品数少于 10 个，应至少做一个平行样。平行样的相对偏差不超过 ± 10%。

任务单

一、任务要求

采用重铬酸盐法进行水质化学需氧量测定，掌握化学需氧量测定回流装置的安装方法；会进行水样的预处理、正确进行溶液配制与标定；能正确完成消解；能规范使用酸式滴定管进行氧化还原滴定；能准确计算所采水样的化学需氧量。

二、任务实施

（一）分组讨论，制订工作方案、确定人员分工

填写方案设计表（附表1）。

（二）试剂配制、仪器设备的准备

1.试剂配制

填写试剂配制表（附表2）。

2.仪器设备

填写所需仪器设备统计表（附表3）。

（三）实验操作

按照资料单中的分析步骤进行操作。

（四）填写原始数据

水质化学需氧量测定原始数据记录单

采样日期	年　月 日　时	分析方法名称及依据		检出限	
分析日期	年　月 日　时	重铬酸钾溶液配制日期		重铬酸钾溶液浓度（mol/L）	□0.2500 □0.0250
预处理：					

续表

序号	样品编号	取样体积（ ）	稀释倍数	稀释后取样体积（ ）	重铬酸钾溶液浓度（mol/L）	硫酸亚铁铵标准溶液消耗量（mL）			样品浓度（ ）
						终读	始读	净用量	

计算公式：

备注：

<table>
<tr><td rowspan="5">精密度检查</td><td>平行样样品编号</td><td colspan="2"></td><td>平行样样品编号</td><td colspan="2"></td><td>平行样样品编号</td><td colspan="2"></td></tr>
<tr><td>样品浓度（ ）</td><td></td><td></td><td>样品浓度（ ）</td><td></td><td></td><td>样品浓度（ ）</td><td></td><td></td></tr>
<tr><td>均值（ ）</td><td colspan="2"></td><td>均值（ ）</td><td colspan="2"></td><td>均值（ ）</td><td colspan="2"></td></tr>
<tr><td>相对偏差（%）</td><td colspan="2"></td><td>相对偏差（%）</td><td colspan="2"></td><td>相对偏差（%）</td><td colspan="2"></td></tr>
<tr><td>是否合格</td><td colspan="2">□是 □否</td><td>是否合格</td><td colspan="2">□是 □否</td><td>是否合格</td><td colspan="2">□是 □否</td></tr>
</table>

<table>
<tr><td rowspan="5">硫酸亚铁铵溶液的标定</td><td rowspan="2">标定日期</td><td rowspan="2">重铬酸钾溶液用量（mL）</td><td rowspan="2">重铬酸钾溶液浓度（mol/L）</td><td colspan="3">硫酸亚铁铵溶液消耗量（mL）</td><td rowspan="2">硫酸亚铁铵溶液浓度（mol/L）</td></tr>
<tr><td>终读</td><td>始读</td><td>净用量</td></tr>
<tr><td rowspan="3"></td><td rowspan="3"></td><td rowspan="3"></td><td></td><td></td><td></td><td rowspan="3"></td></tr>
<tr><td></td><td></td><td></td></tr>
<tr><td></td><td></td><td></td></tr>
</table>

三、考核评价

本操作考核评分标准如下。

灌溉水化学需氧量测定考核评价标准

考核内容（100分）	考核重点	得分
溶液配制与标定（15分）	正确配制所用溶液（5分）	
	溶液标定规范、准确（10分）	
装置连接（15分）	准确连接装置（10分）	
	规范使用冷凝管（5分）	
水样预处理(10分）	水样预处理过程规范（5分）	
	移液操作规范（5分）	
消解(5分)	消解操作安全（3分）	
	消解过程完整（2分）	
滴定操作（20分）	正确使用酸式滴定管（7分）	
	正确进行滴定操作（5分）	
	完成所有平行样品滴定（8分）	
数据处理（30分）	正确书写计算公式（5分）	
	偏差符合要求（20分）	
	原始记录准确、及时、规范（3分）	
	结果及有效数字保留准确（2分）	
其他操作（5分）	按规定着装（1分）	
	操作在规定的时间内完成（2分）	
	及时清洁操作环境，注意操作安全（2分）	
总分		

后续技能操作的评分标准可扫描相应的二维码获取。

技能操作二 灌溉水中重金属六价铬的测定

资料单

一、原理

在封闭的管路中，将一定体积的样品注入连续流动的酸性载液中，样品与试剂在化学反应模块中按特定的顺序和比例混合，在非完全反应的条件下，样品中的六价铬与二苯碳酰二肼生成紫红色化合物，进入流动检测池，于540 nm波长处测量吸光度。在一定的范围内，样品中六价铬的浓度与其对应的吸光度呈线性关系。

本操作参考HJ 908—2017《水质　六价铬的测定　流动注射–二苯碳酰二肼光度法》。参考工作流程见图1。

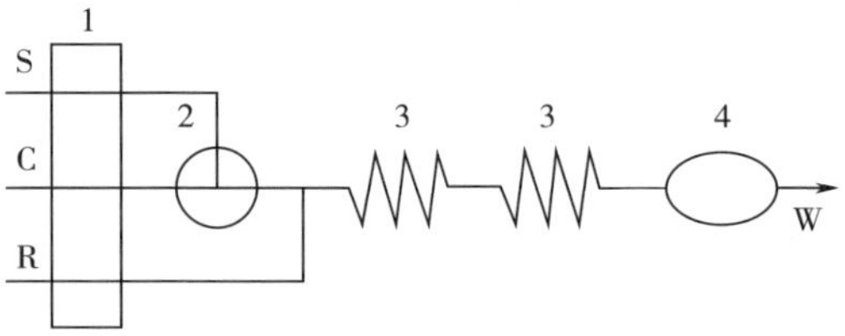

图 1　流动注射 – 二苯碳酰二肼光度法测定六价铬参考工作流程图

1—蠕动泵　2—注入阀　3—反应环　4—检测池（540nm）　S—样品　C—载液　R—显色剂　W—废液

二、试剂和材料

除非另有说明，本操作所用试剂均为分析纯；实验用水均为去离子水、蒸馏水或同等纯度的水。

（1）氢氧化钠（NaOH）。

（2）二苯碳酰二肼（$C_3H_4N_4O$）。

（3）硫酸锌（$ZnSO_4 \cdot 7H_2O$）。

（4）丙酮（CH_6O）。

（5）硫酸（ H_2SO_4，ρ =1.84g/ml）：优级纯。

（6）磷酸：（H_3PO_4，ρ =1.69g/ml）：优级纯。

（7）重铬酸钾（$K_2Cr_2O_4$）：优级纯，于110℃烘干2h后，置于干燥器中冷却备用。

（8）氢氧化钠溶液1（NaOH，ρ =4g/L）。

（9）氢氧化钠溶液2（NaOH，ρ =50g/L）。

（10）六价铬标准储备液（ρ =100mg/L）：准确称取0.1415g重铬酸钾，溶于适量水中，溶解后移至500mL容量瓶中，用水定容至标线，摇匀。该溶液于1～5℃密闭冷藏保存，可稳定1a，也可直接购买市售有证标准溶液。

（11）六价铬标准使用液（ρ =1.00mg/L）：分取适量六价铬标准储备液逐级稀释至1.00mg/L。该溶液于1～5℃密闭冷藏保存，可稳定5d。

（12）显色剂：将40mL硫酸和40mL磷酸缓慢加入700mL水中，冷却待用。称取0.40g二苯碳酰二肼溶于200mL丙酮中，搅拌直至完全溶解，将其加入上述硫酸-磷酸混合溶液，移至1000mL容量瓶中，用水定容至标线，摇匀，贮于棕色瓶中。该溶液于1～5℃密闭冷藏保存，可稳定1个月，变色后不能使用。

（13）色度校正液：除不加显色剂二苯碳酰二肼外，其他试剂用量和配制方法同显色剂，在需要时配制。

（14）硫酸锌溶液（$ZnSO_4 \cdot 7H_2O$，ρ =100g/L）。

（15）载液：实验用水。

（16）氮气：纯度≥99.99%。

（17）氦气：纯度≥99.99%。

（18）水系微孔滤膜：孔径0.45μm。

三、仪器和设备

（1）流动注射仪：包括自动进样器、化学反应模块（注入阀、反应通道及流通检测池）、蠕动泵及数据处理系统。

（2）分析天平：感量为0.0001g。

（3）超声波清洗器：超声频率40 kHz，超声功率500W。

（4）注射器：20mL。

（5）微孔滤膜过滤器：装有0.45μm水系微孔滤膜。

（6）一般实验室常用仪器和设备。

四、分析步骤

1.样品的采集与保存

按照相关规定进行水样的采集和保存。采集水样的体积不得少于250mL。

采集的水样应置于塑料瓶中，并尽快分析。如不能立即分析，应加入4g/L的氢氧化钠溶液1调节至pH 8~9，常温下保存，保存时间不超过24h。

2.样品准备

（1）对不含悬浮物、低色度的清洁地面水，可直接进行测定。

（2）如果水样有色但不深，可进行色度校正。

（3）对浑浊、有色度的水样，应加入氢氧化锌共沉淀剂并进行过滤处理。取100mL水样于锥形瓶中加0.2mL氢氧化锌共沉淀剂，摇匀静置5min，过滤，弃去10mL

初滤液，收集滤液备用。

3.空白样品

按步骤“2.样品准备”以水代替水样进行空白样品的准备。

4.仪器调试

实验用水、载液和显色剂等均须脱气后上机。可采用氮气或氦气吹扫脱气，也可将试剂瓶置于超声波清洗器中超声20～30min脱气。按仪器说明书安装分析系统、设定工作参数、操作仪器。开机后，先用实验用水代替显色剂，检查整个分析流路的密闭性及液体流动的顺畅性，待基线稳定后，将实验用水更换为显色剂，待基线再次稳定后，进行下面的操作。（样品浓度低时，取样体积可适当增加。）

5.校准

分别移取适量六价铬标准使用液至100mL容量瓶中，用水定容至标线，摇匀，配制标准系列溶液，六价铬浓度分别为：0，0.005，0.010，0.050，0.200，0.400，0.600mg/L。量取适量标准系列溶液，分别置于样品管中，按设定的仪器条件从低浓度至高浓度依次进行测定，得到不同浓度六价铬的吸光度（峰面积）。以各标准系列溶液中六价铬的质量浓度（mg/L）为横坐标，以其对应的吸光度（峰面积）为纵坐标，建立校准曲线。

6.样品测定

按照与建立校准曲线相同的测定条件，进行样品的测定。如果样品浓度高于校准曲线最高点，应对样品进行稀释。

样品经预处理后仍有色度时，需进行色度校正。用色度校正液替换显色剂，待基线平稳后测定样品。

按照与样品相同的步骤进行空白样品的测定。

五、结果分析

样品中六价铬的质量浓度（mg/L），按照下式进行计算：

$$\rho = F(\rho_1 - \rho_0)$$

式中 ρ——样品中六价铬的浓度，mg/L；

ρ_1——由校准曲线得到的样品中六价铬的浓度，mg/L；

ρ_0——色度校正时，由校准曲线得到的样品色度相当于六价铬的浓度，不进行色度校正时，取值为0，mg/L；

F——样品的稀释倍数。

六、精密度

（1）每批样品至少测定2个实验空白，测定值不得超过方法检出限。

（2）每批样品分析均需建立校准曲线，校准曲线的相关系数≥0.999。

（3）每分析10个样品需用一个校准曲线的中间浓度溶液进行校准核查，其测定值与标准值的相对误差应在±5%之内，否则应重新建立校准曲线。

任务单

一、任务要求

采用分光光度法完成水样中六价铬含量的测定，掌握水样采集、预处理、显色的方法，会进行标准溶液配制，能规范熟练操作流动注射仪，能利用流动注射仪对样品及标准溶液中的六价铬进行测定，能准确计算水样中六价铬的含量。

二、任务实施

（一）分组讨论，制订工作方案、确定人员分工

填写方案设计表（附表1）。

（二）试剂配制、仪器设备的准备

1.试剂配制

填写试剂配制表（附表2）。

2.仪器设备

填写所需仪器设备统计表（附表3）。

（三）实验操作

按照资料单中的分析步骤进行操作。

（四）填写原始数据

水样中六价铬含量的检测原始数据记录单

样品名称		样品编号		水样体积（mL）	
检测地点		检测项目		检测依据	
仪器名称		室温（℃）		相对湿度RH（%）	

续表

分析数据	序号	1	2	3	4	5	6	7	空白1	空白2	样1	样2
	体积（mL）											
	质量（μg）											
	吸光度（峰面积）											
稀释倍数	样1：							样2：				
计算公式												
所采集水样中六价铬的含量（mg/L）	注：结果保留2位有效数字											
安全评价结果												
检验人：						校核人：						

三、考核评价

灌溉水中重金属六价铬的测定考核评分标准

技能操作三 农田空气中二氧化硫的测定与评价

资料单

一、原理

二氧化硫被甲醛缓冲溶液吸收后，生成稳定的羟甲基磺酸加成化合物，在样品溶液中加入氢氧化钠使此加成化合物分解，释放出的二氧化硫与副玫瑰苯胺、甲醛作用，生成紫红色化合物，用分光光度计在波长577nm处测量吸光度。

本操作参考HJ 482—2009《环境空气 二氧化硫的测定 甲醛吸收-副玫瑰苯胺分

光光度法》。

二、试剂和材料

除非另作说明，本操作所用试剂均为分析纯；实验用水均为去离子水、蒸馏水或同等纯度的水。

（1）碘酸钾（KIO_3）：优级纯，经 110℃干燥2h。

（2）氢氧化钠溶液（NaOH，1.5mol/L）：称取 6.0gNaOH，溶于100mL水中。

（3）环己二胺四乙酸二钠溶液（CDTA-2Na，0.05mol/L）：称取 1.82g 反式 1，2-环己二胺四乙酸，加入氢氧化钠溶液6.5mL，用水稀释至 100mL。

（4）甲醛缓冲吸收储备液：吸取 36%～38%的甲醛溶液 5.5mL，CDTA-2Na 溶液 20.00mL；称取2.04g邻苯二甲酸氢钾，溶于少量水中；将此三种溶液合并，再用水稀释至 100mL，贮于冰箱中可保存1a。

（5）甲醛缓冲吸收液；用水将甲醛缓冲吸收储备液稀释100倍，临用时现配。

（6）氨磺酸钠溶液（NaH_2NSO_3，6.0g/L）：称取0.60g 氨磺酸［H_2NSO_3H］置于100mL烧杯中，加入4.0mL氢氧化钠，用水搅拌至完全溶解后稀释至 100mL，摇匀。此溶液密封可保存 10d。

（7）碘储备液［c（1/2 I_2）=0.10mol/L］：称取 12.7g 碘（I_2）于烧杯中，加入 40g 碘化钾和25mL水，搅拌至完全溶解，用水稀释至 1000mL，贮存于棕色细口瓶中。

（8）碘溶液［c（1/2 I_2）=0.010mol/L］：量取碘储备液50mL，用水稀释至 500mL，贮于棕色细口瓶中。

（9）淀粉溶液（5.0g/L）：称取 0.5g 可溶性淀粉于 150mL烧杯中，用少量水调成糊状，慢慢倒入 100mL 沸水，继续煮沸至溶液澄清，冷却后贮于试剂瓶中。

（10）碘酸钾基准溶液［c（1/6 KIO_3）=0.1000mol/L］：准确称取 3.5667g碘酸钾溶于水，移入 1000mL 容量瓶中，用水稀至标线，摇匀。

（11）盐酸溶液［c（HCl）=1.2mol/L］：量取 100mL 浓盐酸，用水稀释至1000mL。

（12）硫代硫酸钠标准储备液（$Na_2S_2O_3$，0.10mol/L）：称取 25.0g 硫代硫酸钠（$Na_2S_2O_3\cdot 5H_2O$）溶于1000mL新煮沸但已冷却的水中，加入 0.2g 无水碳酸钠，贮于棕色细口瓶中，放置一周后备用，如溶液呈现混浊，必须过滤。

标定方法：吸取三份20.00mL碘酸钾基准溶液分别置于250mL碘量瓶中，加70mL新煮沸但已冷却的水，加1g碘化钾，振摇至完全溶解后，加10mL盐酸溶液，立即盖好瓶塞，摇匀。于暗处放置5min后，用硫代硫酸钠标准溶液滴定溶液至浅黄色，加2mL淀粉溶液，继续滴定至蓝色刚好褪去为终点。硫代硫酸钠标准溶液的浓度如下式计算：

$$c_1=\frac{0.1000\times 20.00}{V}$$

式中　c_1——硫代硫酸钠标准溶液的浓度，mol/L；

V——滴定所耗硫代硫酸钠标准溶液的体积，mL。

（13）硫代硫酸钠标准溶液（$Na_2S_2O_3$，0.01mol/L）：取 50.0mL硫代硫酸钠储备液置于500mL容量瓶中，用新煮沸但已冷却的水稀释至标线，摇匀。

（14）乙二胺四乙酸二钠盐（EDTA-2Na，0.50g/L）：称取0.25g乙二胺四乙酸二钠盐EDTA-2Na溶于500mL新煮沸但已冷却的水中，临用时现配。

（15）亚硫酸钠溶液（Na_2SO_3，1g/L）：称取0.2g亚硫酸钠，溶于200mL EDTA-2Na溶液中，缓缓摇匀以防充氧，使其溶解，放置2～3h后标定。此溶液每毫升相当于320～400μg二氧化硫。

标定方法：①取6个250mL碘量瓶（标1、标2、标3、标4、标5、标6），分别加入50.0mL碘溶液。在标1、标2、标3内各加入25mL水，在标4、标5内加入25.00mL亚硫酸钠溶液，盖好瓶盖。②立即吸取2.00mL亚硫酸钠溶液加到一个已装有40～50mL甲醛吸收液的100mL容量瓶中，并用甲醛吸收液稀释至标线，摇匀。此溶液即为二氧化硫标准储备溶液，在4～5℃下冷藏，可稳定6个月。③紧接着吸取25.00mL亚硫酸钠溶液加入标 6 内，盖好瓶塞。④将标1、标2、标3、标4、标5、标6六个瓶子于暗处放置5min后，用硫代硫酸钠溶液滴定至浅黄色，加5mL淀粉指示剂，继续滴定至蓝色刚刚消失。平行滴定所用硫代硫酸钠溶液的体积之差应不大于0.05mL。

二氧化硫标准储备溶液的浓度由下式计算：

$$\rho=\frac{(\bar{V}_0-\bar{V})\times c_2\times 32.02\times 10^3}{25.00}\times\frac{2.00}{100}$$

式中 ρ——二氧化硫标准储备溶液的浓度，μg/mL；

$\bar{V}_0$——空白滴定所用硫代硫酸钠溶液的平均体积，mL；

$\bar{V}$——样品滴定所用硫代硫酸钠溶液的平均体积，mL；

c_2——硫代硫酸钠溶液的浓度，mol/L。

（16）二氧化硫标准溶液（1μg/mL）：用甲醛吸收液将二氧化硫标准储备溶液稀释成每毫升含1.0μg二氧化硫的标准溶液。此溶液用于绘制标准曲线，在4～5℃下冷藏，可稳定1个月。

（17）盐酸副玫瑰苯胺储备液（简称PRA，即副品红或对品红，0.2g/ 100mL）。

（18）副玫瑰苯胺溶液（ 0.050g/100mL）：吸取25.00mL副玫瑰苯胺储备液于100mL容量瓶中，加30mL 85%的浓磷酸，12mL浓盐酸，用水稀释至标线，摇匀，放置过夜后使用，避光密封保存。

（19）盐酸-乙醇清洗液：由三份盐酸（1+4）和一份95%乙醇混合配制而成，用于清洗比色管和比色皿。

三、仪器和设备

（1）分光光度计。

（2）空气采样器：流量范围为0.1～1.0L/min。

（3）吸收瓶：可装10mL吸收液的多孔玻板吸收管。

（4）恒温水浴：0～40℃，控制精度为±1℃。

（5）具塞比色管：用过的比色管和比色皿应及时用盐酸-乙醇清洗液浸洗，否则红色难以洗净。

（6）一般实验室常用仪器和设备。

四、分析步骤

1.样品的采集与保存

按照相关规定进行大气样品的采集和保存。

（1）短时间采样　采用内装10mL吸收液的多孔玻板吸收管，以0.5L/min的流量采气45～60min。吸收液温度保持在23～29℃。

（2）现场空白　将装有吸收液的采样管带到采样现场，除了不采气之外，其他环境条件与样品相同。

2.校准曲线的绘制

取16支10mL具塞比色管，分A、B两组，每组7支，分别对应编号。A组按表1配制校准溶液系列。

表1　二氧化硫标准系列

管号	二氧化硫标准溶液/mL	甲醛缓冲吸收液/mL	二氧化硫含量/（μg/10mL）
0	0	10.00	0
1	0.50	9.50	0.50
2	1.00	9.00	1.00
3	2.00	8.00	2.00
4	4.00	5.00	4.00
5	8.00	2.00	8.00
6	10.00	0.00	10.00

在A组各管中分别加入0.5mL氨磺酸钠溶液和0.5mL氢氧化钠溶液，混匀。

在B组各管加入1.00mLPRA溶液。

迅速将与A组对应的B组各管溶液全部倒入A组各管中，立即加塞混匀后放入恒温水浴中显色。显色温度与室温之差应不超过3℃。在波长557nm处，用1cm比色皿，以水为参比溶液测量吸光度。以空白校正后各管的吸光度为纵坐标，以二氧化硫的浓度（μg/10mL）为横坐标，用最小二乘法建立校准曲线的回归方程。

根据季节和环境条件如表2所示选择合适的显色温度与显色时间（时间尽量精确）。

表2　显色温度和显色时间

显色温度/℃	显色时间/min	稳定时间/min	空白试剂吸光度
10	40	35	0.030
15	25	25	0.035
20	20	20	0.40
25	15	15	0.50
30	5	10	0.60

3.样品测定

样品溶液中如有混浊物，则应离心分离除去。样品放置20min，以使臭氧分解。将吸收管中的样品溶液移入10mL比色管中，用少量甲醛吸收液洗涤吸收管，洗液并入比色管中并稀释至标线，加入0.5mL氨磺酸钠溶液，混匀，放置10min以除去氮氧化物的干扰。之后步骤同“2.校准曲线的绘制”。

将采样后的吸收管中样品溶液全部移入10mL比色管中，用吸收液清洗并稀释至标线，加0.5mL氨磺酸钠溶液混匀，放置10min以除去氮氧化物的干扰，之后步骤同“2.校准曲线的绘制”。

五、结果分析

空气中二氧化硫的浓度，按下式计算：

$$\rho=\frac{(A-A_0-a)}{b\times V_s}\times\frac{V_t}{V_a}$$

式中　ρ——空气中的二氧化硫的浓度，mg/m^3；

A——样品溶液的吸光度；

A_0——空白溶液的吸光度；

b——校准曲线的频率，吸光度10mL/μg；

a——校准曲线的截距（一般小于0.005）；

V_t——样品溶液的总体积，mL；

V_a——测定时所取样品的体积，mL；

V_s——换算成标准状态下（101.325kPa，273K）的采样体积，mL。

六、消除干扰

测定中主要干扰物为氮氧化物、臭氧及某些重金属元素。采样后放置一段时间可使臭氧自行分解；加入氨磺酸钠溶液可消除氮氧化物的干扰；吸收液中加入磷酸及环己二胺四乙酸二钠盐可以消除或减少某些金属离子的干扰。

七、精密度

在给定条件下校准曲线斜率应为0.042 ± 0.004，空白样品吸光度A在显色规定条件下波动范围不超过 ± 15%。

任务单

一、任务要求

采用分光光度法完成空气中二氧化硫含量的测定，掌握大气采样、显色、测定方法，会进行标准溶液、标准使用液的配制，能规范熟练操作紫外–可见分光光度计，能利用分光光度计对样品及标准溶液中的二氧化硫进行检测，能准确计算所采气体中二氧化硫的含量。

二、任务实施

（一）分组讨论，制订工作方案、确定人员分工

填写方案设计表（附表1）。

（二）试剂配制、仪器设备的准备

1.试剂配制

填写试剂配制表（附表2）。

2.仪器设备

填写所需仪器设备统计表（附表3）。

（三）实验操作

按照资料单中的分析步骤进行操作。

（四）填写原始数据

大气中二氧化硫含量的检测原始数据记录单

样品名称		样品编号		采样时间（min）	

续表

<table>
<tr><td>检测地点</td><td colspan="3"></td><td colspan="2">检测项目</td><td colspan="2"></td><td colspan="3">检测依据</td><td colspan="2"></td></tr>
<tr><td>仪器名称</td><td colspan="3"></td><td colspan="2">室温（℃）</td><td colspan="2"></td><td colspan="3">相对湿度RH（%）</td><td colspan="2"></td></tr>
<tr><td rowspan="4">分析数据</td><td>序号</td><td>1</td><td>2</td><td>3</td><td>4</td><td>5</td><td>6</td><td>7</td><td>8</td><td>9</td><td>样1</td><td>样2</td></tr>
<tr><td>体积（mL）</td><td></td><td></td><td></td><td></td><td></td><td></td><td></td><td></td><td></td><td></td><td></td></tr>
<tr><td>质量（μg）</td><td></td><td></td><td></td><td></td><td></td><td></td><td></td><td></td><td></td><td></td><td></td></tr>
<tr><td>吸光度</td><td></td><td></td><td></td><td></td><td></td><td></td><td></td><td></td><td></td><td></td><td></td></tr>
<tr><td>计算公式</td><td colspan="12"></td></tr>
<tr><td>所采集气体中二氧化硫的含量（mg/m³）</td><td colspan="12">注：结果保留2位有效数字</td></tr>
<tr><td>安全评价结果</td><td colspan="12"></td></tr>
<tr><td colspan="5">检验人：</td><td colspan="8">校核人：</td></tr>
</table>

三、考核评价

农田空气中二氧化硫测定与评价考核评分标准

粮农作物生产安全评价知识点在线测试

原子吸收检测重金属仿真

液－质联用检测水中氟化物仿真

考核项目二
投入品（除种子外其他）调查与评价

技能操作一　土壤中有机质含量的测定

资料单

一、原理

在加热条件下，用过量的重铬酸钾-硫酸溶液氧化土壤有机碳，多余的重铬酸钾用硫酸亚铁标准溶液滴定，由消耗的重铬酸钾量按氧化校正系数计算出有机碳量，再乘以常数1.724，即为土壤有机质含量。

本操作参考NY/T 1121.6—2006《土壤检测　第6部分：土壤有机质的测定》。

二、试剂和材料

依据NY/T 1121.6—2006，除非另作说明，本操作所用试剂均为分析纯；实验用水均为去离子水、蒸馏水或同等纯度的水。

（1）重铬酸钾-硫酸溶液［$c(\frac{1}{6}K_2Cr_2O_7)$=0.40mol/L］：称取预先在120℃烘干2h的化学纯重铬酸钾40.0g溶于600～800mL水中，用滤纸过滤到1L量筒内，用水洗涤滤纸，并加水至1L，将此溶液转移入3L大烧杯中。另取1L密度为1.84的浓硫酸（化学纯），慢慢地倒入重铬酸钾水溶液中，不断搅动。为避免溶液急剧升温，每加约100mL浓硫酸后可稍停片刻，并把大烧杯放在盛有冷水的大塑料盆内冷却，当溶液的温度降到不烫手时再加另一份浓硫酸，直到全部加完为止。

（2）重铬酸钾标准溶液［$c(\frac{1}{6}K_2Cr_2O_7)$＝0.1000mol/L］：称取预先在130℃烘干2h的优级纯重铬酸钾4.904g，用少量水溶解，然后无损地移入1000mL容量瓶中，加水定容。

（3）硫酸亚铁标准溶液（0.10mol/L）：称取28.0g硫酸亚铁（化学纯）或40.0g硫酸亚铁铵（化学纯）溶解于600～800mL水中，加浓硫酸（化学纯）20mL搅拌均匀，静止片刻后用滤纸过滤到1L容量瓶内，再用水洗涤滤纸并加水至1 L。此溶液易被空气氧化而使浓度下降，每次使用时应标定其准确浓度。

0.1mol/L硫酸亚铁溶液的标定：吸取0.1000mol/L重铬酸钾标准溶液20.00mL放入150mL三角瓶中，加浓硫酸3～5mL和邻菲啰啉指示剂3滴，以硫酸亚铁溶液滴定，根据硫酸亚铁溶液消耗量即可计算出硫酸亚铁溶液的准确浓度。

（4）邻菲啰啉指示剂：称取1.485g邻菲啰啉（$C_{12}H_8N_2 \cdot H_2O$）和0.695g硫酸亚铁（$FeSO_4 \cdot 7H_2O$）溶于水中，稀释至100mL，贮于棕色瓶中。

三、仪器和设备

（1）电炉（1000W）或同等类型的加热器。

（2）硬质试管：消化管，25mm × 200mm。

（3）油浴锅：用紫铜皮做成或用高度为15~20cm的铝锅代替，内装甘油（工业用）或固体石蜡（工业用）。

（4）铁丝笼：大小和形状与油浴锅配套，内有若干小格，每格内可插入一支试管。

（5）自动调零滴定管。

（6）温度计（300℃）。

（7）一般实验室常用仪器和设备。

四、分析步骤

1.样品的采集与保存

按照相关规定进行农田土壤样品的采集和保存。新鲜的土样采集后应及时风干处理，后磨碎过筛备用。

2.土壤样品准备

准确称取通过0.25mm孔径筛的风干样品0.05 ~ 0.5g（精确到0.0001g，称样量根据有机质含量范围而定），放入硬质试管中。

3.消解处理

从自动调零滴定管准确加10.00mL重铬酸钾–硫酸溶液到样品的硬质试管中，摇匀并在每个试管口插入一玻璃漏斗。将试管逐个插入铁丝笼中，再将铁丝笼沉入已在电炉上加热至185 ~ 190℃的油浴锅内，使管中的液面低于油面，要求放入后油浴温度下降至170 ~ 180℃，等试管中的溶液沸腾时开始计时，此时必须控制电炉温度，不使溶液剧烈沸腾，其间可轻轻提起铁丝笼在油浴锅中晃动几次，以使液温均匀，并维持在170 ~ 180℃，5min ± 0.5min后将铁丝笼从油浴锅内提出，冷却片刻，擦去试管外的油（蜡）液。

4.样品测定

把硬质试管内的消煮液及土壤残渣无损地转入250mL三角瓶中，用水冲洗试管及小漏斗，将洗液并入三角瓶中，使三角瓶内溶液的总体积控制在50 ~ 60mL。加3滴邻菲啰啉指示剂，用硫酸亚铁标准溶液滴定剩余的重铬酸钾，溶液的变色过程是：橙黄—蓝绿—棕红。

如果滴定所用硫酸亚铁溶液的体积不到下述空白实验所耗硫酸亚铁溶液体积的1/3，则应减少土壤称样量重测。

5.空白样品测定

分析每批样品时，必须同时做2个空白实验，即取大约0.2g灼烧浮石粉或土壤代替土样，其他步骤与土样测定相同。

五、结果分析

土壤中有机质的含量，按以下公式计算：

$$\text{O. M}=\frac{c\times(V_0-V)\times0.003\times1.724\times1.10}{m}\times1000$$

式中 O.M——土壤有机质的含量，g/kg；

V_0——空白实验所消耗硫酸亚铁标准溶液的体积，mL；

V——样品测定所消耗硫酸亚铁标准溶液的体积，mL；

c——硫酸亚铁标准溶液的浓度，mol/L；

0.003——1/4碳原子的毫摩尔质量，g/mmol；

1.724——由有机碳换算成有机质的系数；

1.10——氧化校正系数；

m——烘干样品的质量，g。

六、精密度

当测定样品中有机质含量在10g/kg，允许绝对相差在0.5g/kg以下；当测定样品中有机质含量在10~40g/kg，允许绝对相差在1.0g/kg以下；当测定样品中有机质含量在40~70g/kg，允许绝对相差在3.0g/kg以下；当测定样品中有机质含量在大于70g/kg，允许绝对相差在5.0g/kg以下。

任务单

一、任务要求

通过重复性测试和实验室内部人员对比来检测土壤中有机质，判断本实验室的检测方法是否合格；掌握有机质测定操作技能及应注意的事项，会计算测定结果；能准确地测定有机质。

二、任务实施

（一）分组讨论，制订工作方案、确定人员分工

填写方案设计表（附表1）。

（二）试剂配制、仪器设备的准备

1.试剂配制

填写试剂配制表（附表2）。

2.仪器设备

填写所需仪器设备统计表（附表3）。

（三）实验操作

按照资料单中的分析步骤进行操作。

（四）填写原始数据

土壤中有机质含量的测定原始数据记录单

<table>
<tr><td colspan="2">样品名称</td><td colspan="2"></td><td colspan="2">样品编号</td><td colspan="2"></td><td colspan="2">样品质量（g）</td><td></td></tr>
<tr><td colspan="2">检测地点</td><td colspan="2"></td><td colspan="2">检测项目</td><td colspan="2"></td><td colspan="2">室温（℃）</td><td></td></tr>
<tr><td colspan="2">检测依据</td><td colspan="2"></td><td colspan="2">判定依据</td><td colspan="2"></td><td colspan="2">相对湿度RH（%）</td><td></td></tr>
<tr><td colspan="2">硫酸亚铁浓度</td><td colspan="2"></td><td colspan="2">土样1质量（g）</td><td colspan="2"></td><td colspan="2">土样2质量（g）</td><td></td></tr>
<tr><td colspan="2" rowspan="5">硫酸亚铁标准液标定</td><td rowspan="2">序号</td><td colspan="5">消耗硫酸亚铁标准液的量V_{FeSO_4}（mL）</td><td rowspan="2">标准液浓度</td><td colspan="2" rowspan="2">标准液平均浓度</td></tr>
<tr><td colspan="2">滴定前读数</td><td colspan="2">滴定后读数</td><td>滴定消耗量</td></tr>
<tr><td></td><td colspan="2"></td><td colspan="2"></td><td></td><td></td><td colspan="2" rowspan="3"></td></tr>
<tr><td></td><td colspan="2"></td><td colspan="2"></td><td></td><td></td></tr>
<tr><td></td><td colspan="2"></td><td colspan="2"></td><td></td><td></td></tr>
<tr><td rowspan="6">分析数据</td><td rowspan="2">测定</td><td rowspan="2">序号</td><td colspan="5">消耗硫酸亚铁标准液的量V_{FeSO_4}（mL）</td><td rowspan="2">有机质含量（g/kg）</td><td colspan="2" rowspan="2">平均有机质含量（g/kg）</td></tr>
<tr><td colspan="2">滴定前读数</td><td colspan="2">滴定后读数</td><td>滴定消耗量</td></tr>
<tr><td rowspan="2">空白测定</td><td></td><td colspan="2"></td><td colspan="2"></td><td></td><td></td><td colspan="2"></td></tr>
<tr><td></td><td colspan="2"></td><td colspan="2"></td><td></td><td></td><td colspan="2"></td></tr>
<tr><td rowspan="2">样品测定</td><td></td><td colspan="2"></td><td colspan="2"></td><td></td><td></td><td colspan="2"></td></tr>
<tr><td></td><td colspan="2"></td><td colspan="2"></td><td></td><td></td><td colspan="2"></td></tr>
</table>

续表

计算公式	
样品中有机质含量（g/kg）	
安全评价结果	
检验人：	校核人：

三、考核评价

土壤中有机质含量的测定考核评分标准

技能操作二 土壤有效磷的监测与评价

资料单

一、原理

利用氟化铵-盐酸溶液浸提酸性土壤中有效磷，利用碳酸氢钠溶液浸提中性和石灰性土壤中有效磷（以此为实验对象），所提取出的磷以钼锑抗比色法测定，计算得出土壤样品中的有效磷含量。

本操作参考NY/T 1121.7—2014《土壤检测 第7部分：土壤有效磷的测定》。

二、试剂和材料

除非另作说明，本操作所用试剂均为分析纯；实验用水均为去离子水、蒸馏水或同等纯度的水。

（1）氢氧化钠溶液（ρ=100g/L）：称取10g氢氧化钠溶于100mL水中。

（2）碳酸氢钠浸提剂（$NaHCO_3$，0.5mol/L）：称取化学纯的$NaHCO_3$ 42.0g溶于800mL蒸馏水中，以4mol/L NaOH溶液调节pH至8.5（用pH计测定），然后稀释至

1000mL，保存于试剂瓶中，如果贮存超过20d，使用时应重新调整pH。

（3）酒石酸锑钾溶液（ρ =3g/L）：称取酒石酸锑钾（$KSbOC_4H_4O_6 \cdot 1/2H_2O$）0.30g溶于100mL水中。

（4）钼锑储备液：称取10.0g钼酸铵溶于300mL约60℃的水中，冷却。另在1000mL烧杯中加入800mL蒸馏水，将烧杯浸在冷水中，然后缓慢注入181mL浓H_2SO_4（分析纯），并不断搅拌，冷却至室温。再将硫酸溶液慢慢倒入钼酸铵溶液中，不断搅拌，最后加入100mL酒石酸锑钾溶液，用蒸馏水稀释至2000mL，摇匀，贮于棕色试剂瓶中避光保存。

（5）钼锑抗混合显色剂：称取0.50g抗坏血酸（左旋，旋光度+21°~+22°，分析纯）溶于100mL钼锑储备液中，混匀。此试剂有效期为24h，宜用前配制，随配随用。

（6）磷标准储备液（ρ =100mg/L）：准确称取在105℃烘箱中烘干2h的优级纯磷酸二氢钾（KH_2PO_4）0.4394g，溶于400mL蒸馏水中。加浓$H_2SO_4$5mL，转入1000mL容量瓶中，加蒸馏水定容至刻度，摇匀。

（7）磷标准溶液（ρ =100mg/L）：吸取磷标准储备液5mL，稀释至100mL，用容量瓶定容至刻度，摇匀后待用，此溶液不宜久贮。

三、仪器和设备

（1）电子天平。

（2）酸度计。

（3）紫外-可见分光光度计。

（4）恒温往复式振荡器。

（5）塑料瓶。

（6）一般实验室常用仪器和设备。

四、分析步骤

1.样品的采集与保存

按照相关规定进行农田土壤样品的采集和保存。新鲜的土样采集后应及时风干处理后磨碎过筛备用。

2.土壤样品准备

称取通过2mm筛孔的风干土样2.50g置于200mL塑料瓶中，加入一小勺无磷活性炭和25℃±1℃$NaHCO_3$浸提剂50mL，塞紧瓶塞。

3.浸提处理

将样品瓶在振荡机上振荡30min（振荡频率为180 r/min±20r/min），取出后立即用干燥漏斗和无磷滤纸过滤，滤液用另一只三角瓶承接。同时做空白实验，除不加样品外，其他步骤同样品的操作。

4.标准曲线的绘制

分别吸取磷标准溶液0，0.5，1，2，3，4，5mL于25mL容量瓶中，各加入$NaHCO_3$浸提剂10mL和钼锑抗显色剂5mL，慢慢摇动，除尽气泡后加水定容，充分摇匀，即为0，0.1，0.2，0.4，0.6，0.8，1.0mg／L的磷标准系列溶液。在室温高于20℃的条件下放置30min后在880nm处进行比色，读取吸光度值，绘制成磷标准曲线。

5.样品测定

吸取浸提的滤液10mL（对含$P_2O_5$1%以下的样品吸取10mL，含磷高时可改为5mL或2mL，但必须用$NaHCO_3$补足至10mL）于50mL容量瓶中，加钼锑抗混合显色剂5mL，小心摇动，再加入10mL水，除尽气泡。在室温高于20℃的条件下放置30min后，在可见分光光度计上用波长880nm比色，以空白液的吸收值为0，读出待测的吸光度值。

五、结果分析

土壤样品中有效磷的含量，以质量分数ω计，单位为mg/kg，按以下公式计算：

$$\omega=\frac{(\rho-\rho_0)\times V\times D}{m\times 1000}\times 1000$$

式中　ω——土壤样品中有效磷的含量，mg/kg；

ρ——从标准曲线求得的显色剂中磷的浓度，mg/L；

ρ_0——从标准曲线求得的空白样品中磷的浓度，mg/L；

V——显色剂体积，mL；

D——分取倍数，样品浸提剂体积与分取体积之比；

m——样品质量，g；

1000——单位换算系数。

平行实验测定结果以算术平均值表示，保留到小数点后一位数字。

六、精密度

在进行平行测定时，当测定样品中有效磷含量在10mg/kg，允许相对相差在0.5mg/kg以下；当测定样品中有效磷含量在10~20mg/kg，允许相对相差在1.0mg /kg以下；当测定样品中有效磷含量在大于20mg/kg，允许相对相差在5.0mg /kg以下。

任务单

一、任务要求

用pH8.5的0.5mol/L碳酸氢钠溶液，于25℃左右提取分离土壤有效磷。取一定量的提取液，控制显色剂中的硫酸的浓度为0.4mol/L，钼酸铵的浓度为0.1%，以氯化亚锡为还原剂，形成“磷钼蓝”溶液，用比色计测定其蓝色强度，然后于标准曲线上查找其相应的浓度，从而计算土壤中的速效磷的含量。

二、任务实施

（一）分组讨论，制订工作方案、确定人员分工

填写方案设计表（附表1）。

（二）试剂配制、仪器设备的准备

1.试剂配制

填写试剂配制表（附表2）。

2.仪器设备

填写所需仪器设备统计表（附表3）。

（三）实验操作

按照资料单中的分析步骤操作。

（四）填写原始数据

土壤中有效磷测定原始数据记录单

<table>
<tr><td colspan="2">样品名称</td><td colspan="2"></td><td>样品编号</td><td colspan="2"></td><td colspan="2">样品质量（g）</td><td colspan="2"></td></tr>
<tr><td colspan="2">检测地点</td><td colspan="2"></td><td>检测项目</td><td colspan="2"></td><td colspan="2">检测依据</td><td colspan="2"></td></tr>
<tr><td colspan="2">仪器名称</td><td colspan="2"></td><td>室温（℃）</td><td colspan="2"></td><td colspan="2">相对湿度RH（%）</td><td colspan="2"></td></tr>
<tr><td rowspan="4">分析数据</td><td>序号</td><td>1</td><td>2</td><td>3</td><td>4</td><td>5</td><td>6</td><td>7</td><td>样1</td><td>样2</td></tr>
<tr><td>体积（mL）</td><td></td><td></td><td></td><td></td><td></td><td></td><td></td><td></td><td></td></tr>
<tr><td>质量（μg）</td><td></td><td></td><td></td><td></td><td></td><td></td><td></td><td></td><td></td></tr>
<tr><td>吸光度</td><td></td><td></td><td></td><td></td><td></td><td></td><td></td><td></td><td></td></tr>
<tr><td>计算公式</td><td colspan="10"></td></tr>
</table>

续表

样品中有效磷含量（mg/kg）	注：结果保留2位有效数字
安全评价结果	
检验人：	校核人：

三、考核评价

土壤中有效磷含量的测定考核评分标准

投入品（除种子外其他）调查与评价知识点在线测试

气相色谱检测废水中的苯仿真

考核项目三 产地环境监管与评价

技能操作 农田空气环境监管与评价

资料单

一、原则

农产品，特别是粮食产品，必须符合食品生态环境质量标准，粮食生产的产地环境包括大气、水、土壤环境，本实验主要针对大气环境进行评价。

依据各大气环境监测标准进行农田大气环境采样监测分析，依据农田大气环境质量标准要求，评价大气环境的质量现状。

二、评价步骤

1.监测分析

（1）采样　依据农用环境空气环境质量监测采样技术规范要求，根据布点要求随机以所在地农田区域的环境空气短时采集的样品为实验样品，将采集转化的采样溶液密闭保存后备用。

（2）分析测定　大气环境监测指标的各项分析方法如表 1 所示。

表 1　农产品产地大气环境质量评价标准选配分析方法

项目	方法	标准
总悬浮颗粒物	重量法	GB/T 15432—1995
二氧化硫	副玫瑰苯胺分光光度法	HJ 482—2009
二氧化氮	Saltzman法	GB/T 15435—1995
氟化物	石灰滤纸-氟离子选择电极法	HJ 481—2009
铅	火焰原子吸收分光光度法	GB/T 15264—1994
苯并［a］芘	高效液相色谱法	HJ 956—2018
臭氧	紫外光度法	HJ 590—2010

根据区域内大气环境污染特点，选择主要监测指标和评价指标进行测定分析。

2. 评价指标选取

评价指标分为严格控制指标和一般控制指标。根据污染调查确定主要的评价指标，如表2所示。

表 2　农产品产地大气环境质量评价指标分类

项目	严格控制指标	一般控制指标
环境空气	二氧化硫、氟化物、铅、苯并［a］芘	总悬浮颗粒物、二氧化氮、臭氧

3. 评价方法

（1）各类参数计算方法

单项质量指数＝单项实测值／单项标准值

单项积累指数＝单项实测值／当地单项背景值上限值

某单项分担率（%）＝（某单项质量指数／各项质量指数之和）×100%

某单项超标倍数＝（单项实测值–单项标准值）／单项标准值

超标面积率（%）＝（超标样本面积之和／监测总面积）×100%

$$各环境要素综合质量指数=\sqrt{\frac{(平均单项质量指数)^2+(最大单项质量指数)^2}{2}}$$

（2）大气环境质量评价　食用农产品产地大气环境质量的评价应严格控制项目，依据各单项质量指数进行评定，一般控制项目参与环境综合质量指数评定。

食用农产品产地大气环境质量等级划定见表3，对大气环境的评价如达到超标等级，可认为环境空气已被污染。

表 3　农产品产地大气环境质量分级划定

质量等级	质量指数	等级名称
1	<0.6	清洁
2	0.6～1.0	尚清洁
3	>1.0	超标

三、结果分析

1.大气环境质量指数

（1）大气环境的严格控制项目的各个项目单项质量指数（按数值由高至低排列）。

（2）大气环境的一般控制项目的各个项目单项质量指数（按数值由高至低排列）。

（3）大气环境的综合质量指数。

2.超标情况

（1）超标项目的超标率、超标面积数和超标面积率。

（2）超标项目的质量指数（最低值、最高值和平均值）。

任务单

一、任务要求

通过选取指标、采样、测定、分析、环评的过程完成农田空气环境质量的综合评价工作，掌握重点空气质量指标的名称以及国家标准中的测定方法，会进行布点、采样、化学分析，能规范熟练地进行相关仪器的使用，能选取正确的公式对测定结果进行数据分析，能准确利用相关环境法规、标准，根据相应的分析结果进行空气环境质量评价。

二、任务实施

（一）分组讨论，制订工作方案、确定人员分工

填写方案设计表（附表1）。

（二）试剂配制、仪器设备的准备

1.试剂配制

填写试剂配制表（附表2）。

2.仪器设备

填写所需仪器设备统计表（附表3）。

（三）实验操作

按照资料单中的评价步骤操作。

（四）绘制采样布点图

画出采样布点图，要求布点标注清晰（有比例尺）。

（五）风玫瑰图

绘制风玫瑰图。

（六）填写指标以及原始测定数据

农田空气质量测定指标及原始数值

指标	检测依据	点1			点2			点3			点4			点5			标准限值
		1	2	3	1	2	3	1	2	3	1	2	3	1	2	3	

（七）结果报告

选取评价公式，进行大气环境评价，生成环评报告。

公式：

环评报告：

三、考核评价

农田空气环境监管与评价考核评分标准

产地环境监管与评价知识点在线测试

模块二

粮农食品加工过程安全评价

通过对粮油加工和储运，乳与乳制品加工，肉、蛋制品加工，果蔬加工，饮料加工和水产品加工等环节的粮农食品安全评价的资料单的知识学习和任务单的操作实践，了解和掌握以化学分析等方法对粮农食品进行检测和评价，使学生充分认识其知识点和技能点对粮农食品安全评价的重要性，提高学生的技术技能水平、分析问题的能力，培养学生严谨求实的科学态度和工匠精神，根植社会责任感和爱国情怀。

考核项目一 粮油加工环节检测与安全评价

技能操作一 真菌毒素、重金属和农药残留的快速定量检测

资料单

真菌毒素的快速定量检测（胶体金快速定量法）

一、原理

样品提取液中的真菌毒素，如黄曲霉毒素B_1、玉米赤霉烯酮、脱氧雪腐镰刀菌烯醇等与检测条中胶体金微粒发生呈色反应，颜色深浅与样品中真菌毒素含量相关。用读数仪测定检测条上检测线和质控线颜色深浅，根据颜色深浅和读数仪内置曲线自动计算出样品中的真菌毒素含量。

本操作参考LS/T 6111—2015《粮油检验　粮食中黄曲霉毒素B_1测定　胶体金快速定量法》、LS/T 6112—2015《粮油检验　粮食中玉米赤霉烯酮测定　胶体金快速定量法》、LS/T 6113—2015《粮油检验　粮食中脱氧雪腐镰刀菌烯醇测定　胶体金快速定量法》、LS/T 6114—2015《粮油检验　粮食中赭曲霉毒素A测定　胶体金快速定量法》。

二、试剂和材料

除另作说明外，本操作所用试剂均为分析纯，实验室用水应符合GB/T 6682—2008中三级水的要求。

（1）稀释缓冲液：由胶体金检测条配套提供，或根据产品使用说明书配制。

（2）提取液：70%（体积分数）甲醇溶液。

三、仪器设备及材料

（1）天平：分度值0.01g。

（2）粉碎机：可使样品粉碎后全部通过20目筛。

（3）离心机：转速不低于4000r/min。

（4）涡旋振荡器。

（5）孵育器：可进行45℃恒温（控温精度±1℃）孵育，具有调整时间的功能。

（6）读数仪：可测定并显示胶体金定量检测。

（7）真菌毒素胶体金快速定量检测条：需冷藏贮存，具体贮存条件参照使用说明。

（8）针头式滤器：滤膜材质规格为RC15，孔径0.45μm。

（9）滤纸：采用Whatman 2V（或等效）滤纸。

（10）其他实验室常规仪器、设备及材料。

四、分析步骤

1.样品预处理

（1）取有代表性的样品500g，用粉碎机粉碎至全部通过20目筛，混匀。

（2）准确称取10.00g样品于100mL具塞锥形瓶中，加入20.0mL样品提取液，密闭，用涡旋振荡器振荡1～2min，静置后用滤纸过滤，或取1.0～1.5mL混合液于离心管中，用离心机（4000r/min）离心1min，取滤液或离心后的上清液100mL 于另一离心管中，加入1.0mL稀释缓冲液，充分混匀待测。如样品为小麦，需将稀释后的混合提取液用针头式滤器过滤，即为待测溶液。

不同厂家真菌毒素胶体快速定量检测条所用的样品处理方法可能不同，应按照产品使用说明中规定方法进行操作。

2.样品测定

（1）将胶体金检测条从冷藏状态（2～8℃）取出放置至室温。将孵育器预热至45℃。将检测条平放在孵育器凹槽中，打开加样孔。

（2）准确移取300μL待测溶液，加入检测条加样孔中，关闭加样孔及孵育器盖。

（3）孵育5min后，取出检测条观察C线（质控线）和T线（检测线）显色情况，若出现下述情况，则视为无效检测。

①C线不出现。

②C线出现，但弥散或严重不均匀。

③C线出现，但T_1线或T_2线弥散或严重不均匀。

（4）选择读数仪所检真菌毒素的检测频道并设定基质为00（MATRIX 00），开始样品测定，测定需在2min内完成，读数仪自动显示样品中该真菌毒素的含量。

若读数仪显示“+30^{ppb}”，需移取300μL待测溶液于离心管中，加入1.0mL稀释缓冲液混匀后，按照上述测定方法进行测定，其中基质设定为01（MATRIX 01）。

不同厂家的孵育器和读数仪的使用方法可能有所不同，应按照产品使用说明的规定进行操作。

五、结果表述

样品中真菌毒素的含量由读数仪自动计算并显示，单位为μg/kg。

六、重复性

在同一实验室，由同一操作者使用相同仪器，按相同的测定方法，对同一被测试对象进行独立测试获得的两次独立测试结果的绝对值大于其算术平均值20%的情况不超过5%。

任务单

真菌毒素的快速定量检测（胶体金快速定量法）

一、任务要求

采用胶体金法完成样品中黄曲霉毒素B_1的测定，掌握样品处理、测定方法，能够准确配制溶液、熟练操作读数仪并进行样品中黄曲霉毒素B_1的测定。

二、任务实施

（一）分组讨论，制订工作方案、确定人员分工

填写方案设计表（附表1）。

（二）试剂配制、仪器设备的准备

1.试剂配制

填写试剂配制表（附表2）。

2.仪器设备

填写所需仪器设备统计表（附表3）。

（三）实验操作

按照资料单中的分析步骤操作。

（四）填写原始数据

样品中黄曲霉毒素 B_1 含量的检测原始数据记录单

样品名称		样品编号		样品质量（g）	
检测地点		检测项目		检测依据	

续表

<table>
<tr><td>仪器名称</td><td></td><td>室温（℃）</td><td></td><td>相对湿度RH（%）</td><td></td></tr>
<tr><td rowspan="3">数据记录
及处理</td><td>序号</td><td>样1</td><td>样2</td></tr>
<tr><td>样品中黄曲霉毒素B_1含量（μg/kg）</td><td></td><td></td></tr>
<tr><td>平均值（μg/kg）</td><td colspan="2"></td></tr>
<tr><td>安全评价
结果</td><td colspan="5"></td></tr>
<tr><td colspan="3">检验人：</td><td colspan="3">校核人：</td></tr>
</table>

三、考核评价

真菌毒素的快速定量检测（胶体金快速定量法）考核评分标准

资料单

重金属（镉）含量快速测定（X射线荧光光谱法）

一、原理

样品经高能X射线激发，得到样品中镉（Cd）元素的特征X射线荧光，在一定浓度范围内，该X射线荧光信号强度与镉（Cd）含量成正比，可采用标准曲线法测定镉（Cd）量。

由于X射线荧光信号强度较弱，需要进行较长时间的积分和平均，因此测定结果的不确定度同测定时间相关。当测定时间较短（不超过300s）时，测定不确定度能满足对样品定性判定的要求，该过程可定义为快速筛查；当测量时间延长（不超过1200s）时，测定不确定度能满足定量分析的要求，该过程可定义为定量测定。

本操作参考LS/T 6115—2016《粮油检验　稻谷中镉含量快速测定　X射线荧光光

谱法》。

二、仪器与设备

（1）能量色散型X射线荧光光谱仪：主要包括分析仪器主机和样品杯两个部分。

（2）实验砻谷机。

（3）小型粉碎机：可使样品粉碎后全部通过20目筛。

三、分析步骤

1.样品前处理

取有代表性的样品500g，如果是稻谷样品，则先用实验砻谷机脱壳制备成糙米，然后用粉碎机粉碎至全部通过20目筛，混匀；如果是糙米或大米样品，则直接用粉碎机粉碎至全部通过20目筛，混匀。

样品脱壳、粉碎等前处理，可依据所用仪器的使用说明进行。

2.仪器准备

（1）开机准备　仪器通电后开机预热；打开测试软件，进行自检，确认仪器运行正常，方可进行下一步工作，或按照所用仪器的使用说明书要求进行。

（2）仪器校准　按仪器使用说明书要求进行仪器校准。

测定样品前，宜采用含量在校准曲线线性范围内的标准样品验证仪器内置校准曲线的有效性。如该标准样品的测定值处于其标准值的扩展不确定度范围内，则执行后续程序；否则，需重新建立校准曲线。

为保证校准效果，用于建立标准曲线的标准样品的状态宜同待测样品保持一致，即测糙米、精米样品时，分别采用糙米、精米标准样品建立的标准曲线；测米粉样品时，宜采用粒度比较接近的米粉标准样品建立的标准曲线。

3.样品测定

（1）装样　用样品杯盛取足量的样品，取样及填装按照仪器使用说明书进行。

（2）测量　打开仪器主机的进样口盖，将装好样品的样品杯正确放置到样品测试孔中，关好进样口盖，按仪器操作软件提示，开始测量。测试过程中，进样口盖不能打开。

在300s内完成快速筛查，筛查结束仪器自动显示样品测定结果为“不超标”“可疑值”或“超标”；对于“可疑值”可继续测试，直至定量测定结束（不超过1200s）。

在1200s内完成定量测定，定量测定结束仪器自动计算并显示样品中镉（Cd）含量。

四、结果计算和表示

X射线荧光光谱（XRF）仪根据光谱信号强度，自动计算并显示样品中的镉（Cd）含量。

（1）快速筛查　快速筛查结束，结果显示如下。

①当仪器显示值为$\omega<0.12$mg/kg时，测定结果的置信度为95%，误判率≤5%，测定结果显示为：不超标。

②当仪器显示值处于0.12mg/kg≤ω≤0.28mg/kg时，测定结果的置信度为95%，误判率≤5%，测定结果显示为：疑似超标。

③当仪器显示值处于$\omega>0.28$mg/kg时，测定结果的置信度为95%，误判率≤5%，测定结果显示为：超标。

不同厂家生产的仪器的显示值可能不完全相同，但误判率应满足上述要求。

（2）定量测定　定量测定结束后，由仪器自动计算并显示测定结果，单位为mg/kg。

结果以重复性条件下获得的两次独立测定结果的算术平均值表示，保留至小数点后第二位。

定量测定结果为限量标准临界值时，应按GB 5009.15—2014规定的方法测定。

五、精密度

在定量测定模式下进行共同实验，并按照GB/T 6379.1—2004规定的方法计算重复性限r和再现性限R。

任务单

重金属（镉）含量快速测定（X射线荧光光谱法）

一、任务要求

采用X射线荧光光谱法完成样品中镉的测定，掌握样品处理、测定方法，能够规范熟练操作能量色散型X射线荧光光谱仪并进行样品中镉的测定。

二、任务实施

（一）分组讨论，制订工作方案、确定人员分工

填写方案设计表（附表1）。

（二）试剂配制、仪器设备的准备

1.试剂配制

填写试剂配制表（附表2）。

2.仪器设备

填写所需仪器设备统计表（附表3）。

（三）实验操作

按照资料单中的分析步骤操作。

（四）填写原始数据

样品中镉（Cd）含量的检测原始数据记录单

<table>
<tr><td>样品名称</td><td></td><td>样品编号</td><td></td><td>样品质量（g）</td><td></td></tr>
<tr><td>检测地点</td><td></td><td>检测项目</td><td></td><td>检测依据</td><td></td></tr>
<tr><td>仪器名称</td><td></td><td>室温（℃）</td><td></td><td>相对湿度RH（%）</td><td></td></tr>
<tr><td rowspan="3">数据记录及处理</td><td colspan="2">序号</td><td colspan="2">样品1</td><td>样品2</td></tr>
<tr><td colspan="2">样品中镉含量（mg/kg）</td><td colspan="2"></td><td></td></tr>
<tr><td colspan="2">平均值（mg/kg）</td><td colspan="3"></td></tr>
<tr><td>安全评价结果</td><td colspan="5"></td></tr>
<tr><td colspan="3">检验人:</td><td colspan="3">校核人:</td></tr>
</table>

三、考核评价

重金属（镉）含量快速测定（X射线荧光光谱法）考核评分标准

技能操作二　脂肪酸值的测定（乙醇浸出法）

资料单

一、原理

室温下用无水乙醇提取样品中的脂肪酸，以酚酞作为指示剂，用标准氢氧化钾溶液滴定，计算脂肪酸值。

本操作参考GB/T 5510—2011《粮油检验　粮食、油料脂肪酸值测定》。

二、试剂和材料

除非另作规定，本操作所用试剂均为分析纯。水为GB/T 6682—2008规定的二级水或去离子水。

（1）无水乙醇。

（2）酚酞-乙醇指示剂（10g/L）：将1.0g酚酞溶于100mL 95%乙醇。

（3）无CO_2的蒸馏水：将蒸馏水烧沸，加盖冷却。

（4）0.01mol/L氢氧化钾-乙醇标准溶液。

① c（KOH）=0.5mol/L氢氧化钾-乙醇标准溶液的配制与标定。

配制：称取28g氢氧化钾置于聚乙烯容器中，先加入少量（约20mL）无CO_2的蒸馏水溶解，再用体积分数为95%的乙醇稀释至1000mL，密闭放置24h。吸取上层清液至另一聚乙烯塑料瓶中。

标定：称取在105℃条件下烘2h并在干燥器中冷却后的邻苯二甲酸氢钾2.04g，精确到0.0001g，置于150mL锥形瓶中，加入50mL无CO_2的蒸馏水溶解，滴加酚酞-乙醇指示剂3～5滴，用配制的氢氧化钾标准溶液滴定至呈微红色且30s内不褪色，消耗氢氧化钾标准溶液体积为（V_1），同时做空白实验（不加邻苯二甲酸氢钾，同上操作），消耗氢氧化钾标准溶液体积为（V_0）。氢氧化钾标准溶液浓度，按下式计算：

$$c(\mathrm{KOH})=\frac{1000\times m}{(V_1-V_0)\times 204.22}$$

式中　c（KOH）——氢氧化钾标准溶液浓度，mol/L；

1000——换算系数；

m——邻苯二甲酸氢钾质量，g；

V_1——滴定样品消耗氢氧化钾标准溶液体积，mL；

V_0——滴定空白消耗氢氧化钾标准溶液体积，mL；

204.22——邻苯二甲酸氢钾的摩尔质量，g/mol。

②c（KOH）=0.01mol/L氢氧化钾–乙醇标准溶液的配制。

准确移取20.00mL已经标定好的0.5mol/L氢氧化钾标准储备液于1000mL容量瓶中，用体积分数为95%乙醇定容至1000mL，存放于聚乙烯塑料瓶中。临用前稀释配制。

三、仪器和设备

（1）具塞磨口锥形瓶：250mL。

（2）移液管：50.0mL、25.0mL。

（3）微量滴定管：5mL，最小刻度为0.02mL。

（4）天平：感量为0.01g。

（5）振荡器：往返式，振荡频率为100次/min。

（6）实验砻谷机。

（7）粉碎机：锤式旋风磨，具有风门可调和自清理功能，以避免样品残留和出样管堵塞。在粉碎样品时，磨膛不能发热。

（8）电动粉筛：依据GB 5507—2008要求。

（9）玻璃短颈漏斗。

（10）表面皿。

（11）快速定性滤纸：预先折叠。

（12）锥形瓶：150mL。

四、分析步骤

1.样品制备

（1）稻谷样品制备　取混合均匀样品，用实验砻谷机脱壳。取混合均匀的糙米约80g，用锤式旋风磨粉碎，要求粉碎细度能一次性达95%以上过CQ16（相当于40目）筛，粉碎样品充分混合后（筛上、筛下的全部筛分范围样品）装入磨口瓶中备用。

（2）玉米样品制备　取混合均匀样品80～100g，如上法进行粉碎。

2.样品处理

称取制备好的样品约10g，精确到0.01g（m），置于250mL具塞磨口锥形瓶中，并用移液管加入50.0mL无水乙醇，置于往返式振荡器上振摇（稻谷样品10min，玉米样品30min），振荡频率为100次/min，静置1～2min。在玻璃漏斗中放入折叠滤纸过滤，弃去最初几滴滤液，用比色管收集滤液25.00mL以上，加塞备用。

3.测定

用移液管移取25.0mL滤液于150mL锥形瓶中，加50mL不含CO_2的蒸馏水，滴加3～4滴酚酞指示剂后，立即用氢氧化钾标准溶液滴定至呈微红色且30s内不褪色。记录消耗氢氧化钾标准溶液的体积（V_1）。

4.空白实验

用25.00mL无水乙醇代替滤液，其他相同条件下进行空白实验，记录消耗氢氧化钾标准溶液体积（V_0）。

五、结果分析

样品脂肪酸值，按下式计算：

$$X=(V_1-V_0)\times c\times 56.1\times\frac{50}{25}\times\frac{100}{m(100-M)}\times 100=\frac{11220\times(V_1-V_0)\times c}{m}\times\frac{100}{100-M}$$

式中 X——样品脂肪酸值（干基），（KOH）mg /100g；

V_1——滴定样品所耗氢氧化钾标准滴定溶液的体积，mL；

V_0——滴定空白所耗氢氧化钾标准滴定溶液的体积，mL；

c——氢氧化钾标准滴定溶液的准确浓度，mol/L；

56.1——氢氧化钾的摩尔质量，g/mol；

50——样品提取用无水乙醇的体积，mL；

25——用于滴定的样品提取液的体积，mL；

100——换算为100g（干）样品的质量，g；

m——样品的质量，g；

M——样品水分质量分数，即每100g样品中含水分的质量，g。

六、精密度

同一分析者对同一样品同时进行两次测定，结果差值不超过2mg/100g。每份样品取两个平行样进行测定，两个测定结果之差的绝对值符合重复性要求时，以其平均值为测定结果；不符合重复性要求时，应再取两个平行样进行测定。若4个结果的极差不大于n=4重复性临界极差［CrR95（4）］，则取4个结果的平均值作为最终测试结果，计算结果保留三位有效数字。

任务单

一、任务要求

采用乙醇浸出法完成样品中脂肪酸值的测定，掌握样品制备、样品处理、测定方法，会进行标准溶液、标准使用液、指示剂的配制，能规范熟练操作锤式旋风磨、往返式振动器，能采用乙醇浸出法对样品中脂肪酸值进行检测，能准确判断滴定终点并计算样品的脂肪酸值。

二、任务实施

（一）分组讨论，制订工作方案、确定人员分工

填写方案设计表（附表1）。

（二）试剂配制、仪器设备的准备

1.试剂配制

填写试剂配制表（附表2）。

2.仪器设备

填写所需仪器设备统计表（附表3）。

（三）实验操作

按照资料单中的分析步骤操作。

（四）填写原始数据

脂肪酸值的检测原始数据记录单

<table>
<tr><td>样品名称</td><td></td><td>样品编号</td><td></td><td>样品质量（g）</td><td></td></tr>
<tr><td>检测地点</td><td></td><td>检测项目</td><td></td><td>检测依据</td><td></td></tr>
<tr><td>仪器名称</td><td></td><td>室温（℃）</td><td></td><td>相对湿度RH（%）</td><td></td></tr>
<tr><td colspan="2">KOH浓度（mol/L）</td><td colspan="2"></td><td>样品水分（%）</td><td></td></tr>
<tr><td rowspan="4">分析数据</td><td>序号</td><td colspan="2">平行1</td><td>平行2</td><td>空白</td></tr>
<tr><td>样品质量（g）</td><td colspan="2"></td><td></td><td></td></tr>
<tr><td>消耗KOH体积初读数（mL）</td><td colspan="2"></td><td></td><td></td></tr>
<tr><td>消耗KOH体积末读数（mL）</td><td colspan="2"></td><td></td><td></td></tr>
<tr><td>结果计算</td><td colspan="5"></td></tr>
</table>

续表

样品的脂肪酸值（mg/100g）	注：结果保留3位有效数字
安全评价结果	
检验人：	校核人：

三、考核评价

脂肪酸值的测定（乙醇浸出法）考核评分标准

技能操作三　油脂酸价的测定（热乙醇指示剂滴定法）

资料单

一、原理

油脂酸价是指中和1g油脂中游离脂肪酸所需氢氧化钾的质量，用mg/g表示。

将固体油脂样品同乙醇一起加热至70℃以上（但不可超过乙醇的沸点），使固体油脂样品熔化为液态，同时通过振摇形成油脂样品的热乙醇悬浊液，使油脂样品中的游离脂肪酸溶解于热乙醇，再趁热用氢氧化钾或氢氧化钠标准滴定溶液中和滴定热乙醇悬浊液中的游离脂肪酸，以指示剂相应的颜色变化来判定滴定终点，然后通过滴定终点消耗的标准溶液的体积计算样品油脂的酸价。

本操作参考GB 5009.229—2016《食品安全国家标准　食品中酸价的测定》。

二、试剂和材料

除非另作说明，本操作所用试剂均为分析纯，水为GB/T 6682—2008规定的三级水。

（1）乙醇：最低浓度为95%乙醇。

（2）氢氧化钠或氢氧化钾标准滴定水溶液：浓度为0.1mol/L或0.5mol/L。

（3）酚酞指示剂：称取1g的酚酞，加入100mL的95%乙醇并搅拌至完全溶解。

（4）碱性蓝6B或百里香酚酞（适用于深色油脂）：称取2g碱性蓝6B或百里香酚酞，加入100mL的95%乙醇溶液并搅拌至完全溶解。

三、仪器和设备

（1）微量滴定管：10mL，最小刻度为0.02mL。

（2）天平：感量为0.001g。

（3）恒温水浴锅。

（4）恒温干燥箱。

（5）植物油料粉碎机或研磨机。

四、分析步骤

1.称样

根据样品的颜色和估计的酸值如表1所示称量样品。

表1 样品称量表

估计的酸价（mg/g）	样品的最小称样量（g）	使用滴定液的浓度（mol/L）	样品称重的精确度（g）
0~1	20	0.1	0.05
2~4	10	0.1	0.02
5~15	2.5	0.1	0.01
16~75	0.5~3.0	0.1或0.5	0.001
>75	0.2~1.0	0.5	0.001

称样量和滴定液浓度应使滴定液用量在0.2~10mL（扣除空白后）。若检测后，发现样品的实际称样量与该样品酸价所对应的应有称样量不符，应按照表1的要求调整称样量后重新检测。

2.测定

取一个干净的250mL的锥形瓶，按表1的要求用天平称取制备的油脂样品，其质量（m）的单位为g。

另取一个干净的250mL的锥形瓶，加入50～100mL的95%乙醇，再加入0.5～1mL的酚酞指示剂。然后，将此锥形瓶放入90～100℃的水浴中加热直到乙醇微沸。取出该锥形瓶，趁乙醇的温度还维持在70℃以上时，立即用装有标准氢氧化钠或氢氧化钾滴定水溶液的刻度滴定管对乙醇进行滴定。当乙醇出现微红色，且15s内无明显褪色时，立刻停止滴定，乙醇的酸性被中和。将此中和乙醇溶液立即趁热倒入装有样品的锥形瓶中，放入90～100℃的水浴中加热直到乙醇微沸，其间剧烈振摇锥形瓶形成悬浊液。最后取出该锥形瓶，立即趁热用装有标准氢氧化钠或氢氧化钾滴定溶液的刻度滴定管对样品的热乙醇悬浊液进行滴定，当样品溶液出现微红色，且15s内无明显褪色时，为滴定的终点，立刻停止滴定，记录下此滴定所消耗的标准滴定溶液的体积，此数值为V。

对于深色泽的油脂样品，可适当加大乙醇和指示剂的用量，可用百里香酚酞指示剂（或碱性蓝6B指示剂）取代酚酞指示剂，滴定时，当其颜色变为蓝色时为百里酚酞的滴定终点，碱性蓝6B指示剂的滴定终点为由蓝色变红色。

热乙醇指示剂滴定法无须进行空白实验，即V_0=0。

五、结果分析

酸价（又称酸值）按照下式进行计算：

$$X_{AV}=\frac{(V_1-V_0)\times c\times 56.1}{m}$$

式中　X_{AV}——酸价，mg/g；

V_1——样品测定所消耗的标准滴定溶液的体积，mL；

V_0——相应的空白测定所消耗的标准滴定溶液的体积，mL；

c——标准滴定溶液的浓度，mol/L；

56.1——氢氧化钾的摩尔质量，g/mol；

m——油脂样品的称样量，g。

酸价≤1mg/g，计算结果保留2位小数；1mg/g<酸价≤100mg/g，计算结果保留1位小数；酸价>100mg/g，计算结果保留至整数位。

六、精密度

当酸价<1mg/g时，在重复条件下获得的两次独立测定结果的绝对差值不得超过算术平均值15%；当酸价≥1mg/g时，在重复条件下获得的两次独立测定结果的绝对差值不得超过算术平均值12%。

任务单

一、任务要求

采用热乙醇指示剂滴定法完成油脂样品中酸价的测定，掌握样品的称量、溶解和滴定等测定方法，会进行标准滴定溶液、指示剂的配制，能规范熟练操作微量滴定管和天平等仪器设备，能采用热乙醇指示剂滴定法对样品的酸价进行检测，能准确判断滴定终点并计算油脂样品的酸价。

二、任务实施

（一）分组讨论，制订工作方案、确定人员分工

填写方案设计表（附表1）。

（二）试剂配制、仪器设备的准备

1.试剂配制

填写试剂配制表（附表2）。

2.仪器设备

填写所需仪器设备统计表（附表3）。

（三）实验操作

按照资料单中的分析步骤操作。

（四）填写原始数据

油脂酸价的检测原始数据记录单

<table>
<tr><td>样品名称</td><td></td><td colspan="2">样品编号</td><td colspan="2"></td><td colspan="2">样品质量（g）</td><td></td></tr>
<tr><td>检测地点</td><td></td><td colspan="2">检测项目</td><td colspan="2"></td><td colspan="2">检测依据</td><td></td></tr>
<tr><td>仪器名称</td><td></td><td colspan="2">室温（℃）</td><td colspan="2"></td><td colspan="2">相对湿度RH（%）</td><td></td></tr>
<tr><td rowspan="5">分析数据</td><td colspan="2">序号</td><td colspan="2">平行1</td><td colspan="2">平行2</td><td colspan="2">备注</td></tr>
<tr><td colspan="2">油脂样品质量m（g）</td><td colspan="2"></td><td colspan="2"></td><td colspan="2"></td></tr>
<tr><td colspan="2">样品测定所消耗的标准滴定溶液的体积V（mL）</td><td colspan="2"></td><td colspan="2"></td><td colspan="2"></td></tr>
<tr><td colspan="2">相应的空白测定所消耗的标准滴定溶液的体积V_0（mL）</td><td colspan="2"></td><td colspan="2"></td><td colspan="2"></td></tr>
<tr><td colspan="2">标准滴定溶液的浓度c（mol/L）</td><td colspan="2"></td><td colspan="2"></td><td colspan="2"></td></tr>
</table>

续表

结果计算	
油脂样品的酸价（mg/g）	注：酸价≤1mg/g，计算结果保留2位小数；1mg/g<酸价≤100mg/g，计算结果保留1位小数；酸价>100mg/g，计算结果保留至整数位
安全评价结果	
检验人：	校核人：

三、考核评价

油脂酸价的测定（热乙醇指示剂滴定法）考核评分标准

技能操作四　油脂过氧化值的测定（滴定法）

资料单

一、原理

将油脂样品在三氯甲烷和冰乙酸中溶解，其中的过氧化物与碘化钾反应生成碘，用硫代硫酸钠标准溶液滴定析出的碘。用过氧化物相当于碘的质量分数或1kg样品中活性氧的物质的量（mmol）表示过氧化值的量。

本操作参考GB5009.227—2023《食品安全国家标准　食品中过氧化值的测定》。

二、试剂和材料

除非另作说明，本操作所用试剂均为分析纯，水为GB/T 6682—2008规定的三级水。

（1）冰乙酸（CH_3COOH）。

（2）三氯甲烷（$CHCl_3$）。

（3）碘化钾（KI）。

（4）硫代硫酸钠（$Na_2S_2O_3 \cdot 5H_2O$）。

（5）石油醚：沸程为30～60℃。

（6）无水硫酸钠（Na_2SO_4）。

（7）可溶性淀粉。

（8）重铬酸钾（$K_2Cr_2O_7$）：工作基准试剂。

（9）三氯甲烷-冰乙酸混合液（体积比40+60）：量取40mL三氯甲烷，加60mL冰乙酸，混匀。

（10）碘化钾饱和溶液：称取20g碘化钾，加入10mL新煮沸冷却的水，摇匀后贮于棕色瓶中，存放于避光处备用。要确保溶液中有饱和碘化钾结晶存在。

使用前检查：在30mL三氯甲烷-冰乙酸混合液中添加1.00mL碘化钾饱和溶液和2滴1%淀粉指示剂，若出现蓝色，并需用1滴以上的0.01mol/L硫代硫酸钠溶液才能消除，则此碘化钾溶液不能使用，应重新配制。

（11）1%淀粉指示剂：称取0.5g可溶性淀粉，加少量水调成糊状，边搅拌边倒入50mL沸水，再煮沸搅匀后，放冷备用，临用前配制。

（12）石油醚的处理：取100mL石油醚于蒸馏瓶中，在低于40℃的水浴中，用旋转蒸发仪减压蒸干。用30mL三氯甲烷-冰乙酸混合液分次洗涤蒸馏瓶，合并洗涤液于250mL碘量瓶中。准确加入1.00mL饱和碘化钾溶液，塞紧瓶盖，并轻轻振摇0.5min，在暗处放置3min，加1.0mL淀粉指示剂后混匀，若无蓝色出现，此石油醚用于样品制备；如加1.0mL淀粉指示剂后有蓝色出现，则需更换试剂。

（13）0.1mol/L硫代硫酸钠标准溶液：称取26g硫代硫酸钠（$Na_2S_2O_3 \cdot 5H_2O$），加0.2g无水碳酸钠，溶于1000mL水中，缓缓煮沸10min，冷却。放置两周后过滤、标定。

（14）0.01mol/L硫代硫酸钠标准溶液：由0.1mol/L硫代硫酸钠标准溶液以新煮沸冷却的水稀释而成，临用前配制。

（15）0.002mol/L硫代硫酸钠标准溶液：由0.1mol/L硫代硫酸钠标准溶液以新煮沸冷却的水稀释而成，临用前配制。

三、仪器和设备

（1）碘量瓶：250mL。

（2）滴定管：10mL，最小刻度为0.05mL。

（3）滴定管：25mL或50mL，最小刻度为0.1mL。

（4）天平：感量为1mg和0.01mg。

（5）电热恒温干燥箱。

（6）旋转蒸发仪。

本操作中使用的所有器皿不得含有还原性或氧化性物质，磨砂玻璃表面不得涂油。

四、分析步骤

1.样品制备

样品制备过程应避免强光，并尽可能避免带入空气。

（1）动植物油脂：对液态样品，振摇装有样品的密闭容器，充分均匀后直接取样；对固态样品，选取有代表性的样品置于密闭容器中混匀后取样。

（2）以小麦粉、谷物、坚果等植物性食品为原料，经油炸、膨化、烘烤、调制、炒制等加工工艺而制成的食品：从所取全部样品中取出有代表性样品的可食部分，在玻璃研钵中研碎，将粉碎的样品置于广口瓶中，加入2～3倍样品体积的石油醚，摇匀，充分混合后静置浸提12h以上，经装有无水硫酸钠的漏斗过滤，取滤液，在低于40℃的水浴中，用旋转蒸发仪减压蒸干石油醚，残留物即为待测样品。

2.样品的测定

应避免在阳光直射下进行样品测定。称取制备的样品2～3g（精确至0.001g），置于250mL碘量瓶中，加入30mL三氯甲烷-冰乙酸混合液，轻轻振摇使样品完全溶解。准确加入1.00mL饱和碘化钾溶液，塞紧瓶盖，并轻轻振摇0.5min，在暗处放置3min。取出加100mL水，摇匀后立即用硫代硫酸钠标准溶液（过氧化值估计值≤0.15g/100g时，用0.002mol/L标准溶液；过氧化值估计值>0.15g/100g时，用0.01mol/L标准溶液）滴定析出的碘，滴定至淡黄色时，加1mL淀粉指示剂，继续滴定并强烈振摇至溶液蓝色消失为终点。同时进行空白实验。空白实验所消耗的0.01mol/L硫代硫酸钠溶液体积V_0不得超过0.1mL。

五、结果分析

（1）用过氧化物相当于碘的质量分数表示过氧化值时，按下式进行计算：

$$X_1=\frac{(V-V_0)\times c\times 0.1269}{m}\times 100$$

式中 X_1——过氧化值，g/100g；

V——样品消耗的硫代硫酸钠标准溶液体积，mL；

V_0——空白实验消耗的硫代硫酸钠标准溶液体积，mL；

c——硫代硫酸钠标准溶液的浓度，mol/L；

0.1269——与1.00mL硫代硫酸钠标准滴定溶液［c（$Na_2S_2O_3$）=1.000mol/L］相当的碘的质量；

m——样品质量，g；

100——换算系数。

计算结果以重复性条件下获得的两次独立测定结果的算术平均值表示，结果保留两位有效数字。

（2）用1kg样品中活性氧的质量（mmol）表示过氧化值时，按下式进行计算：

$$X_2=\frac{(V-V_0)\times c}{2m}\times 1000$$

式中 X_2——过氧化值，mmol/kg；

V——样品消耗的硫代硫酸钠标准溶液体积，mL；

V_0——空白实验消耗的硫代硫酸钠标准溶液体积，mL；

c——硫代硫酸钠标准溶液的浓度，mol/L；

m——样品质量，g；

1000——换算系数。

计算结果以重复性条件下获得的两次独立测定结果的算术平均值表示，结果保留两位有效数字。

六、精密度

在重复性条件下获得的两次独立测定结果的绝对差值不得超过算术平均值的10%。

任务单

一、任务要求

采用滴定法完成样品中过氧化值的测定，掌握样品制备、测定的方法，会进行标准溶液的配制，能规范熟练进行滴定操作，能利用滴定操作对样品的过氧化值进行检测，能准确计算样品的过氧化值。

二、任务实施

（一）分组讨论，制订工作方案、确定人员分工

填写方案设计表（附表1）。

（二）试剂配制、仪器设备的准备

1.试剂配制

填写试剂配制表（附表2）。

2.仪器设备

填写所需仪器设备统计表（附表3）。

（三）实验操作

按照资料单中的分析步骤操作。

（四）填写原始数据

油脂过氧化值的测定原始数据记录单

样品名称		样品编号	
检测地点		检测依据	
室温（℃）		相对湿度RH（%）	
分析数据	序号	1	2
	样品质量（g）		
	硫代硫酸钠标准溶液的浓度（mol/L）		
	样品消耗的硫代硫酸钠标准溶液体积（mL）		
	空白实验消耗的硫代硫酸钠标准溶液体积（mL）		
	过氧化值（　　　）		
结果计算			
样品过氧化值（　　　）	注：结果保留2位有效数字		
安全评价结果			
检验人：		校核人：	

三、考核评价

油脂过氧化值的测定（滴定法）考核评分标准

粮油加工环节检测与安全评价知识点在线测试

吐司面包加工仿真

参考文献

［1］国家粮食局人事司.粮油质量检验员职业操作技能考试手册［M］.北京：中国劳动社会保障出版社，2008.

［2］国家粮食和物资储备局职业技能鉴定指导中心.农产品食品检验员粮油质量检验员（初级中级高级）（第二版）［M］.北京：中国社会出版社，2020.

［3］王兆慈.粮油食品品质分析［M］.北京：中国轻工业出版社，2000.

［4］张玉荣.粮油品质检验与分析［M］.北京：中国轻工业出版社，2016.

考核项目二 粮油储运环节检测与安全评价

技能操作一　小麦面筋吸水量的测定

资料单

一、原理

小麦面筋吸水量是指全麦粉中每百克干面筋吸收水分的质量（g）。

依据GB/T 5506.2—2008以仪器法测定全麦粉的湿面筋含量，按照GB/T 5506.4—2008以快速干燥法或GB/T 5506.3—2008的烘箱干燥法测定干面筋的含量，计算小麦面筋吸水量。

二、试剂和材料

除非有特定说明，本操作所用试剂均为分析纯，水为蒸馏水、去离子水或同等纯度的水。

（1）20g/L氯化钠溶液：将200g氯化钠（NaCl）溶解于水中配制成10L溶液，使用时的温度应为22℃±2℃。（该溶液建议当天配制当天使用。）

（2）碘化钾/碘溶液：将2.54g碘化钾（KI）溶解于水中，加入1.27g碘（I_2），完全溶解后用水定容至100mL。

三、仪器和设备

（1）面筋仪。

（2）可调移液器：可向样品中加氯化钠溶液3～10mL，精度为±0.1mL。

（3）离心机：能保持转速为6000r/min±5r/min，加速度为2000g，并有孔径为500μm的筛盒。

（4）天平：分度值0.01g。

（5）500mL烧杯：用于收集洗涤液。

（6）金属镊子。

（7）小型实验磨。

（8）电加热干燥器。

（9）烘箱：可保持130℃±2℃。

（10）干燥器：带有有效干燥剂。

四、分析步骤

（一）湿面筋测定

1.全麦粉的制备

用小型实验磨碾磨小麦，使其颗粒粗细度符合表1的要求。为防止样品水分发生变化，在碾磨和保存样品时应格外小心。

表1　筛网与样品颗粒大小分布要求

筛孔尺寸/μm	过筛率/%
710（CQ）	100
500（CQ）	95~100
210~200（CQ）	≤80

2.称样

称取10g待测样品，准确至0.01g，选择正确的清洁筛网，并在实验前润湿。将称好的样品全部放入面筋仪的洗涤室中。

3.面团制备

用移液器向待测样品中加入约4.8mL氯化钠溶液。轻轻摇动洗涤室，使溶液均匀分布在样品的表面。厂家预设的混合时间为20s，可根据使用者的需要进行调整。

4.面团洗涤

将和成的面团放在细网洗涤皿中，放置于仪器固定位置上，启动仪器后，自动洗涤2min。洗涤过程中应注意观察洗涤室中排出液的清澈度。当排出液变得清澈时，可认为洗涤完成。用碘化钾/碘溶液可检查排出液中是否还含有淀粉。待仪器停机后，卸下细网洗涤皿，并用镊子将面筋取出置于洗涤皿中，再将细网洗涤皿和粗网洗涤皿对口连接，细网洗涤皿在上，在自来水水流下冲洗细网洗涤皿底部，把面筋全部转移到粗网洗涤皿中，然后将粗网洗涤皿放置在仪器固定位置上，再次启动仪器，继续洗涤3min。自动停机后，卸下洗涤皿，将洗出的面筋用手在自来水水流下洗涤2min以上，直至用碘液检查湿面筋挤出的水呈无色或微蓝色，洗涤即可结束。

5.离心，称重

洗涤完成以后，用金属镊子将湿面筋从洗涤室中取出，确保洗涤室中不留有任何湿面筋。将面筋分成大约相等的两份，轻轻压在离心机的筛盒上。启动离心机离心60s，用金属镊子取下湿面筋，并立即称重得到湿面筋的质量（m_1），精确到0.01g。

同一份样品应做两次实验。

（二）干面筋测定

1.烘箱干燥法（按GB/T 5506.3—2008执行）

取制得的湿面筋球放在盘子上，将盘子和湿面筋置于130℃烘箱中2h后取出，用解剖刀或小刀在半干燥的面筋上划3个或4个平行的切口，再放回烘箱，继续干燥4h，总计干燥时间为6h。取出盘子和干面筋，在干燥器中冷却至室温（通常需要30min）。称量得到干面筋的质量（m_2），精确到0.01g。

2.快速干燥法（按GB/T 5506.4—2008执行）

取制得的湿面筋球（m_1）放置在已经预热的电加热干燥器中加热300s ± 5s。从干燥器中取出干面筋并进行称量（m_2），精确到0.01g。

五、结果分析

小麦样品面筋吸水量以每百克干面筋吸收水分的质量（g）表示，数值以百分数计，计算公式如下：

$$M=\frac{m_1-m_2}{m_2}\times100\%$$

式中　M——面筋吸水量，%；

m_1——湿面筋的质量，g；

m_2——干面筋的质量，g。

任务单

一、任务要求

依据GB/T 5506.2—2008以仪器法测定全麦粉的湿面筋含量，按照GB/T 5506.4—2008以快速干燥法或GB/T 5506.3—2008的烘箱干燥法测定干面筋的含量，计算小麦面筋吸水量。掌握样品的制备，称样，面团的制备，面团的洗涤、离心、称重、烘干等操作方法，会进行氯化钠溶液、碘化钾/碘溶液的配制，能规范熟练操作面筋仪、离心机、烘箱、电加热干燥器等仪器设备，能采用国家规定的面筋含量测定法对样品的面筋吸水量进行测定，能准确计算样品的面筋吸水量。

二、任务实施

（一）分组讨论，制订工作方案、确定人员分工

填写方案设计表（附表1）。

（二）试剂配制、仪器设备的准备

1.试剂配制

填写试剂配制表（附表2）。

2.仪器设备

填写所需仪器设备统计表（附表3）。

（三）实验操作

按照资料单中的分析步骤进行操作。

（四）填写原始数据

小麦面筋吸水量的检测原始数据记录单

<table>
<tr><td>样品名称</td><td></td><td>样品编号</td><td></td><td>样品质量（g）</td><td></td></tr>
<tr><td>检测地点</td><td></td><td>检测项目</td><td></td><td>检测依据</td><td></td></tr>
<tr><td>仪器名称</td><td></td><td>室温（℃）</td><td></td><td>相对湿度RH（%）</td><td></td></tr>
<tr><td rowspan="4">分析数据</td><td>序号</td><td colspan="2">平行1</td><td>平行2</td><td>备注</td></tr>
<tr><td>样品质量m（g）</td><td colspan="2"></td><td></td><td></td></tr>
<tr><td>湿面筋的质量m_1（g）</td><td colspan="2"></td><td></td><td></td></tr>
<tr><td>干面筋的质量m_2（mL）</td><td colspan="2"></td><td></td><td></td></tr>
<tr><td>结果计算</td><td colspan="5"></td></tr>
<tr><td>样品的面筋吸水量（%）</td><td colspan="5"></td></tr>
<tr><td>安全评价结果</td><td colspan="5"></td></tr>
<tr><td colspan="3">检验人：</td><td colspan="3">校核人：</td></tr>
</table>

三、考核评价

小麦面筋吸水量的测定考核评分标准

技能操作二　使用奥氏气体分析仪检测氧气和二氧化碳浓度

资料单

一、原理

奥氏气体分析仪是应用化学分析法测定混合气体组分的工具，工作原理是采取吸收体积分析法，利用气体混合物中各组分的化学性质的不同，以适当的吸收剂吸收某一被测组分，然后通过计量吸收剂消耗的体积测定被测组分的含量。检测粮仓中氧气和二氧化碳浓度时，在奥氏气体分析仪的2个吸收瓶中分别装着二氧化碳吸收剂和氧吸收剂，被测气体中的二氧化碳和氧分别经过2种吸收剂吸收后，根据被测气体样品体积减少的百分数，计算被吸收某种气体的百分含量。

二、试剂和材料

除非另作规定，本操作所用试剂均为分析纯。水为GB/T 6682—2008规定的二级水或去离子水。

（1）氢氧化钾（KOH）。

（2）焦性没食子酸［$C_6H_3(OH)_3$］。

（3）硫酸（H_2SO_4）。

（4）甲基红（$C_{15}H_{15}N_3O_2$）。

（5）氯化钠（NaCl）。

（6）液体石蜡。

（7）氢氧化钾溶液（33%）：用于吸收二氧化碳，取58g氢氧化钾溶于160mL蒸馏水中。

（8）焦性没食子酸溶液（16.6%）：取22g焦性没食子酸溶液，溶于111mL蒸馏水中。

（9）氢氧化钾溶液（60%）：取66g氢氧化钾溶于44mL蒸馏水中。

（10）碱性焦性没食子酸溶液：用于吸收氧气，将焦性没食子酸溶液（16.6%）与氢氧化钾溶液（60%）混合，得到碱性焦性没食子酸溶液。

（11）水准液：200mL蒸馏水，加入约72gNaCl（20℃）至饱和，再加入几滴硫酸和甲基红显色。

三、仪器和设备

（1）模拟粮堆（可用塑料薄膜密封5包粮食，或使用气囊充入待测气体）。

（2）奥式气体分析仪。

（3）气体检测箱（配有气体取样管和回气管）。

四、分析步骤

1.设置气体取样管

检测箱位于仓房外墙的取样箱，箱内排布着3～5根气体取样管和1根回气管，这些管道均引到粮堆内不同位置，见图1。

图 1　检测箱及气体取样管和回气管

房式仓每廒间内设置气体取样应不少于5根，即在仓房的四角和中央设气体取样点。气体取样点深度在粮面下30～50cm；立筒仓每个独立的单仓和星舱内各设置五个取样点在东、西、南、北以及中央位置距离粮面0.3～0.5m深处，均匀布置；浅圆仓每个独立的单仓各设置五个取样点在东、西、南、北以及中央位置距离粮面0.3～0.5m深处，均匀布置。

2.安装奥式气体分析仪

奥氏气体分析仪构造如图2所示。

奥氏气体分析仪中的量气筒（1）是用来度量被测气体样品的容器，容积为100mL，最小刻度为0.2mL，为避免温度急剧波动，被放置在装满清水的玻璃水套（2）中，玻璃水套两端装有橡皮塞，下端由橡皮管与水准瓶（3）相连。水准瓶（3）装有200mL饱和食盐水，加入几滴硫酸和甲基红显色，酸性溶液可防止被测气体中溶入二氧化碳，同时甲基橙遇碱呈黄色，因此在操作中如不慎将碱液吸入量气筒时可及时发现。量气筒上端由橡皮管与梳形玻璃管（4）连接。吸收瓶装有吸收剂，其中瓶（5）、瓶（7）为吸收室，内放一束玻璃管，以增加气体与吸收剂的接触面积，加快吸收速度，瓶（6）、瓶（8）为移液室，移液室管口用10mm厚的液体石蜡封闭，防止吸收液与外界空气接触，单向活塞（9、10）用以在测定时接通或切断吸收瓶与量气筒的联系。三通活塞（11）用来使奥式气体分析仪在抽取气体样品时与粮堆相通，切断与外界空气的联系；在排气时，与外界相通，而切断与粮堆的联系；在气体分析时，同时切断与粮堆和外界的联系。

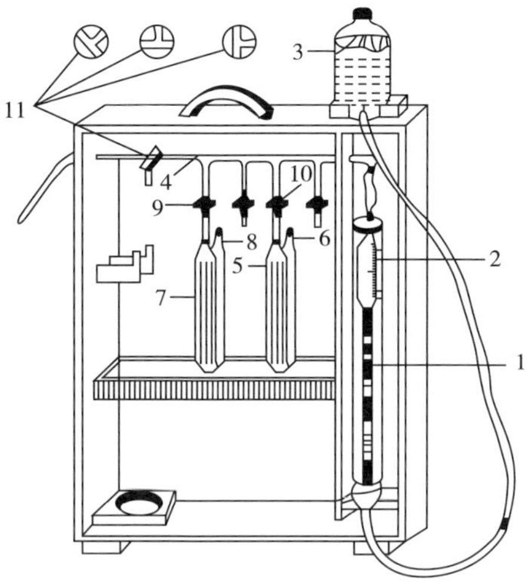

图2　奥氏气体分析仪构造图

1—量气筒　2—玻璃水套　3—水准瓶　4—梳形玻璃管　5、7—吸收室　6、8—移液室　9、10—单向活塞　11—三通活塞

3.配制并倒入吸收液

（1）二氧化碳吸收剂为33%的氢氧化钾溶液的配制方法：取58g氢氧化钾溶于160mL蒸馏水中配制而成。

（2）氧吸收剂为16.6%的焦性没食子酸溶液与60%的氢氧化钾溶液的混合剂的配制方法：取22g焦性没食子酸，溶于111mL蒸馏水中配成甲液，再取66g氢氧化钾溶于44mL蒸馏水配成乙液，然后将甲乙两液混合即得碱性焦性没食子酸溶液。

（3）水准液为200mL饱和食盐水，加入几滴硫酸和甲基红显色。

（4）将配制好的氧吸收剂和二氧化碳吸收剂分别倒入相应的吸收瓶中，并在移液室管口用10mm厚的液体石蜡封闭。

（5）将配制好的水准液装入水准瓶。

4.检查气密性

（1）关闭三通活塞和氧气吸收瓶活塞，打开二氧化碳吸收瓶活塞，下降水准瓶，使二氧化碳吸收剂上升至刻度线位置，关闭二氧化碳吸收瓶活塞，上升水准瓶，观察二氧化碳吸收剂液面是否稳定。

（2）打开氧气吸收瓶活塞，下降水准瓶，使氧气吸收剂上升至刻度线位置，关闭氧气吸收瓶活塞，上升水准瓶，观察氧气吸收剂液面是否稳定。

（3）打开三通活塞与大气相通，上升水准瓶，使量气筒内的液面上升至接近管口。关闭三通活塞，下降水准瓶，观察量气筒内液面是否稳定。

（4）如发现漏气要重新检查安装。

5.取粮堆内气体

（1）打开检测箱门，将奥氏气体分析仪取气管与检测箱中1根气体取样管的气体取样口正确连接，然后打开检测箱与该管路对应的气体取样阀。

（2）打开三通活塞与大气相通，上升水准瓶，使量气筒内的液面上升至接近管口，排除量气筒及梳形管内原有气体。

（3）再打开三通活塞与取样口相通，下降水准瓶，吸入待测气体，随之将其排出外界。

（4）重复步骤（1）~步骤（3）3次以上。

（5）下降水准瓶，使量气筒内液面下降至量气筒下方，将水准瓶与量气筒并列，使量气筒的液面恰恰位于量气筒下方的100刻度（或0刻度）处，并与水准瓶内液面在同一水平线上，关闭三通活塞，切断一切通路。

6.检测气体浓度

（1）测二氧化碳浓度：打开二氧化碳吸收瓶上的单向活塞，上升水准瓶，再下降水准瓶，重复3次以上，最后一次使吸收液面准确地停留在原刻度上，关闭二氧化碳吸收瓶上的单向活塞，将水准瓶移近量气筒，把两者液面调整到同一水平线上，视线与两液面同高读取量气筒的体积（mL），记下量筒上减少的积体（A），则二氧化碳气体含量为：

$$V_{CO_2}(\%)=A$$

（2）测氧气浓度：打开氧气吸收瓶上的单向活塞，上升水准瓶，再降低水准瓶，重复3次以上，最后一次使吸收液面准确地停留在原刻度上，关闭氧气吸收瓶上的单向活塞，将水准瓶移近量气筒，把两液面调整到同一水平线上，视线与两液面同高读取量气筒的体积（mL），再记录量筒上减少的体积（B），然后按下式计算氧百分含量：

$$V_{O_2}(\%)=B-A$$

（3）重复上述步骤（1）和步骤（2），采取双实验的方式对检测箱内各根气体取样管内的二氧化碳和氧气逐一进行检测，并逐一记录检测结果。

7.仪器复原

完成所有检测后，将奥氏气体分析仪取气管与检测箱气体取样口断开，然后关闭检测箱内该管路对应的气体取样阀，关闭检测箱门。分别将二氧化碳吸收瓶和氧气吸收瓶液面复位，并关闭所有活塞。

五、注意事项

（1）经多次使用后，吸收剂的吸收能力会减弱或消失，因此每次测定前应先测正常空气的氧含量，以校对仪器。

（2）吸氧剂对氧的吸收能力随温度的降低而减少，在0℃时几乎不吸收，因此测氧最好在15℃以上环境中进行，温度稍低时可适当增加吸收次数。

（3）测定粮堆气体浓度时，应先测二氧化碳后测氧气，顺序不能颠倒，否则氧吸收剂中的氢氧化钾也会吸收二氧化碳，影响测定结果。

（4）测定时水准瓶移上移下要缓慢进行，太快将产生气压，使吸收瓶内出现气泡或吸收液冲入梳形管的现象，影响测定准确性。吸收剂如进入梳形管，应将梳形管拆下洗干净，放在通风处晾干之后再使用。

六、精密度

测定气体时做双实验，双实验允许误差不得超过0.2mL。

任务单

一、任务要求

使用奥氏气体分析仪检测氧气和二氧化碳浓度，了解奥氏气体分析仪的检测原理、仪器构造及检测方法；能使用奥氏气体分析仪检测粮堆氧气和二氧化碳浓度。

二、任务实施

（一）分组讨论，制订工作方案、确定人员分工

填写方案设计表（附表1）。

（二）试剂配制、仪器设备的准备

1.试剂配制

填写试剂配制表（附表2）。

2.仪器设备

填写所需仪器设备统计表（附表3）。

（三）实验操作

按照资料单中的分析步骤操作。

（四）填写原始数据

粮堆气体浓度检测记录表

检测人：　　　　　　　　　　　　　　　　　　　　检测时间：

检测第　次	量筒读数（A）	量筒读数（B）	二氧化碳浓度（%）（A）	氧气浓度（%）（$B-A$）
1				
2				
平均值				

三、考核评价

使用奥氏气体分析仪检测氧气和二氧化碳浓度考核评分标准

技能操作三　粮仓粮情监测–传感器布置数据分析及异常问题处理

资料单

一、原理

同一仓房的粮食，在入仓时间、保管条件相同的条件下，温度基本相同，通过按规定在不同粮层、不同点位设置的温度传感器，对粮温进行测定，对所有测温点的数据进行计算得出平均值后，即可得出同一仓房的粮温。

二、材料

模拟粮仓或装有粮食的实仓1间。

三、仪器和设备

（1）温度计：−10～50℃。

（2）测温电缆1套：每根垂直长度不少8m，测温点不少于4个；水平长度每根不少于10m，测温点不少于3个。

（3）测温控制器。

（4）粮情监测系统。

四、分析步骤

1.粮仓及现场检查

（1）检查粮仓实仓或模拟仓。

（2）检查仓内电源布置、装粮线等。

（3）检查连接杆、插杆等工具。

2.传感器布置

（1）绘制测温点布置图。

（2）检查测温电缆长度、传感器数量及布置等。

（3）连接好测温电缆。

3.数据分析

（1）启动粮情监测系统，读取数据。

（2）查看各测温点数据情况。

4.数据异常问题处理

（1）根据给定的故障情况，分析原因。

（2）根据各测温点的异常数据，分析原因。

五、结果分析

（1）列出给定故障的原因，拟定修复方案。

（2）根据系统显示的测温点的异常数据，分析原因，拟定修复方案。

任务单

一、任务要求

对给定的粮仓设计测温电缆（温度传感器）的布置方案，掌握粮情监测系统测温电缆（温度传感器）的布置原则，会进行测温电缆布置、系统连接、数据读取，能规范熟练操作粮情监测系统，能利用所测各点粮温异常数据，分析原因，并给出处理方案。

二、任务实施

（一）分组讨论，制订工作方案、确定人员分工

填写方案设计表（附表1）。

（二）试剂配制、仪器设备的准备

1.场地准备

按规定准备场地。

2.仪器设备

填写所需仪器设备统计表（附表3）。

（三）实验操作

按照资料单中的分析步骤操作。

（四）填写原始数据

粮仓粮情监测－传感器布置数据分析及异常问题处理原始数据记录单

<table>
<tr><td>仓房结构</td><td colspan="3"></td><td colspan="3">仓号</td><td colspan="2"></td><td colspan="3">仓型</td><td></td></tr>
<tr><td>贮粮品种</td><td colspan="3"></td><td colspan="3">贮粮数量</td><td colspan="2"></td><td colspan="3">等级</td><td></td></tr>
<tr><td>外温</td><td colspan="3"></td><td colspan="3">粮仓温度（℃）</td><td colspan="2"></td><td colspan="3">粮仓相对湿度RH（%）</td><td></td></tr>
<tr><td rowspan="4">分析数据</td><td>从高到低的10个测温点</td><td>×1</td><td>×2</td><td>×3</td><td>×4</td><td>×5</td><td>×6</td><td>×7</td><td>×8</td><td>×9</td><td>×10</td><td>平均粮仓温度</td></tr>
<tr><td>温度（℃）</td><td></td><td></td><td></td><td></td><td></td><td></td><td></td><td></td><td></td><td></td><td rowspan="3"></td></tr>
<tr><td>从低到高的10个测温点</td><td>×41</td><td>×42</td><td>×43</td><td>×44</td><td>×45</td><td>×46</td><td>×47</td><td>×48</td><td>×49</td><td>×50</td></tr>
<tr><td>温度（℃）</td><td></td><td></td><td></td><td></td><td></td><td></td><td></td><td></td><td></td><td></td></tr>
</table>

续表

各测温点粮仓温度数据分析	
异常情况处理方案	
安全评价结果	
检验人：	校核人：

三、考核评价

粮仓粮情监测－传感器布置数据分析及异常问题处理考核评分标准

粮油储运环节检测与安全评价知识点在线测试

粮食加工仓储——氮气贮粮仿真

粮食加工仓储——环流熏蒸仿真

粮食加工仓储——机械通风仿真

粮食加工仓储——粮食入库仿真

参考文献

［1］国家粮食局人事司.粮油质量检验员职业操作技能考试手册［M］.北京：中国劳动社会保障出版社，2008.

［2］国家粮食和物资储备局 职业技能鉴定指导中心.农产品食品检验员 粮油质量检验员（初级 中级 高级）（第二版）［M］.北京：中国社会出版社，2020.

［3］国家粮食和物资储备局职业技能鉴定指导中心.（粮油）仓储管理员［M］.北京：中国轻工业出版社，2020.

［4］许方浩，周凤英.粮油储藏技术［M］.北京：科学出版社，2012.

考核项目三
乳与乳制品加工安全评价

技能操作一 鲜乳酸度的测定与评价（酚酞指示剂法）

资料单

一、原理

以酚酞为指示液，用0.1000mol/L氢氧化钠标准溶液滴定100g样品至终点所消耗的氢氧化钠溶液体积，经计算确定样品的酸度。

本操作参考GB 5009.239—2016《食品安全国家标准　食品酸度的测定》。

二、试剂和材料

除非另作规定，本操作所用试剂均为分析纯或以上规格，水为GB/T 6682—2008规定的三级水。

（1）中性乙醇-乙醚混合液：取等体积的乙醇、乙醚混合后加3滴酚酞指示剂，以氢氧化钠溶液（0.1mol/L）滴至微红色。

（2）氢氧化钠标准溶液：氢氧化钠标准溶液（NaOH）0.1000mol/L。

（3）酚酞指示剂：称取0.5g酚酞溶于75mL体积分数为95%的乙醇中，并加入20mL水，然后滴加氢氧化钠溶液至微粉色，再加入水定容至100mL。

三、仪器和设备

（1）天平：感量为0.001g。

（2）电位滴定仪。

（3）滴定管：分刻度为0.1mL。

（4）水浴锅。

四、分析步骤

称取10g（精确到0.001g）已混匀的样品，置于150mL锥形瓶中，加20mL新煮沸冷却至室温的水，混匀，用氢氧化钠标准溶液滴定至pH 8.3为终点；或于溶解混匀后的样品中加入2.0mL酚酞指示剂，混匀后用氢氧化钠标准溶液滴定至微红色，并在30s内不褪色，记录消耗的氢氧化钠标准滴定溶液体积（mL），进行计算。

用30mL水做空白实验，记下所消耗的氢氧化钠标准溶液体积（mL）。

以重复性条件下获得的两次独立测定结果的算术平均值表示，结果保留三位有效数字。

五、结果分析

鲜乳样品中的酸度数值以（°T）表示，按下式计算：

$$X=\frac{c\times(V_1-V_0)\times100}{m\times0.1}$$

式中 X——样品的酸度，°T；

c——氢氧化钠标准溶液的浓度，mol/L；

V_0——空白实验所消耗的氢氧化钠标准溶液体积，mL；

V_1——滴定样品时消耗的氢氧化钠标准溶液体积，mL；

m——样品的质量，g；

0.1——酸度理论定义氢氧化钠的浓度，mol/L。

在重复性条件下获得的两次独立测定结果的算术平均值表示，结果保留三位有效数字。

六、精密度

在重复性条件下获得的两次独立测定结果的绝对差值不得超过算术平均值的10 %。

任务单

一、任务要求

采用酚酞指示剂法完成样品酸度的测定，掌握样品制备和滴定操作，会进行标准溶液、标准使用液的配制，能规范熟练操作此方法，能利用酚酞指示剂法对样品酸度进行检测，并能准确计算样品酸度。

二、任务实施

（一）分组讨论，制订工作方案、确定人员分工

填写方案设计表（附表1）。

（二）试剂配制、仪器设备的准备

1.试剂配制

填写试剂配制表（附表2）。

2.仪器设备

填写所需仪器设备统计表（附表3）。

（三）实验操作

按照资料单中的分析步骤操作。

（四）填写原始数据

鲜乳酸度含量的检测原始数据记录单

<table>
<tr><td>样品名称</td><td colspan="3"></td><td colspan="3">样品编号</td><td colspan="2"></td><td colspan="2">样品质量（g）</td><td colspan="2"></td></tr>
<tr><td>检测地点</td><td colspan="3"></td><td colspan="3">检测项目</td><td colspan="2"></td><td colspan="2">检测依据</td><td colspan="2"></td></tr>
<tr><td>仪器名称</td><td colspan="3"></td><td colspan="3">室温（℃）</td><td colspan="2"></td><td colspan="2">相对湿度RH（%）</td><td colspan="2"></td></tr>
<tr><td rowspan="4">分析数据</td><td>序号</td><td>1</td><td>2</td><td>3</td><td>4</td><td>5</td><td>6</td><td>7</td><td>8</td><td>9</td><td>样1</td><td>样2</td></tr>
<tr><td>体积（mL）</td><td></td><td></td><td></td><td></td><td></td><td></td><td></td><td></td><td></td><td></td><td></td></tr>
<tr><td>质量（g）</td><td></td><td></td><td></td><td></td><td></td><td></td><td></td><td></td><td></td><td></td><td></td></tr>
<tr><td>滴定数</td><td></td><td></td><td></td><td></td><td></td><td></td><td></td><td></td><td></td><td></td><td></td></tr>
<tr><td>计算公式</td><td colspan="12"></td></tr>
<tr><td>样品中的酸度数值（°T）</td><td colspan="12">注：结果保留3位有效数字</td></tr>
<tr><td>安全评价结果</td><td colspan="12"></td></tr>
<tr><td colspan="6">检验人：</td><td colspan="7">校核人：</td></tr>
</table>

三、考核评价

鲜乳酸度的测定与评价（酚酞指示剂法）考核评分标准

技能操作二　鲜乳中抗生素测定与评价

资料单

（嗜热链球菌抑制法）

一、原理

样品经过80℃杀菌后，添加嗜热链球菌菌液。培养一段时间后，嗜热链球菌开始增殖。这时候加入代谢底物2，3，5-氯化三苯四氮唑（TTC），若样品中不含有抗生素或抗生素的浓度低于检测限，嗜热链球菌将继续增殖，还原TTC成为红色物质；如果样品含有高于检测限的抑菌剂，则嗜热链球菌受到抑制，指示剂TTC不还原，保持原色。

本操作参考GB/T 4789.27—2008《食品卫生微生物学检验　鲜乳中抗生素残留量检验》。

二、菌种、培养基和试剂

（1）菌种：嗜热链球菌。

（2）灭菌脱脂乳：无抗生素的脱脂乳经115℃灭菌20min。也可采用无抗生素的脱脂牛乳粉，以蒸馏水10倍稀释，加热至完全溶解，115℃灭菌20min。

（3）4% 2，3，5-氯化三苯四氮唑（TTC）水溶液：2，3，5-氯化三苯四氮唑（TTC）1g、灭菌蒸馏水5mL，称取TTC，溶于灭菌蒸馏水中，装褐色瓶内于2～5℃保存。如果溶液变为半透明的白色或淡褐色，则不能再用，临用时用灭菌蒸馏水5倍稀释，成为4%水溶液。

（4）青霉素G参照溶液：青霉素G钾盐30.0mg、无菌磷酸盐缓冲液适量、无抗生素的脱脂乳适量，精密称取青霉素G钾盐标准品，溶于无菌磷酸盐缓冲液中，使其浓度为100～1000IU/mL。再将该溶液用灭菌的无抗生素的脱脂乳稀释至0.006 IU/mL，分装于无菌小试管中，密封备用，-20℃保存不超过6个月。

三、设备和材料

除微生物实验室常规灭菌及培养设备外，其他设备和材料如下。

（1）冰箱：2～5℃、-20～-5℃。

（2）恒温培养箱：36℃±1℃。

（3）带盖恒温水浴锅：36℃ ± 1℃、80℃ ± 2℃。

（4）天平：感量 0.1g、0.001g。

（5）无菌吸管：1mL（具 0.01mL刻度）和10.0mL（具 0.1mL刻度）或微量移液器及吸头。

（6）无菌试管：18mm × 180mm 。

（7）温度计：0 ~ 100℃。

（8）涡旋混匀器。

四、检验程序

鲜乳中抗生素残留检验程序见图 1 。

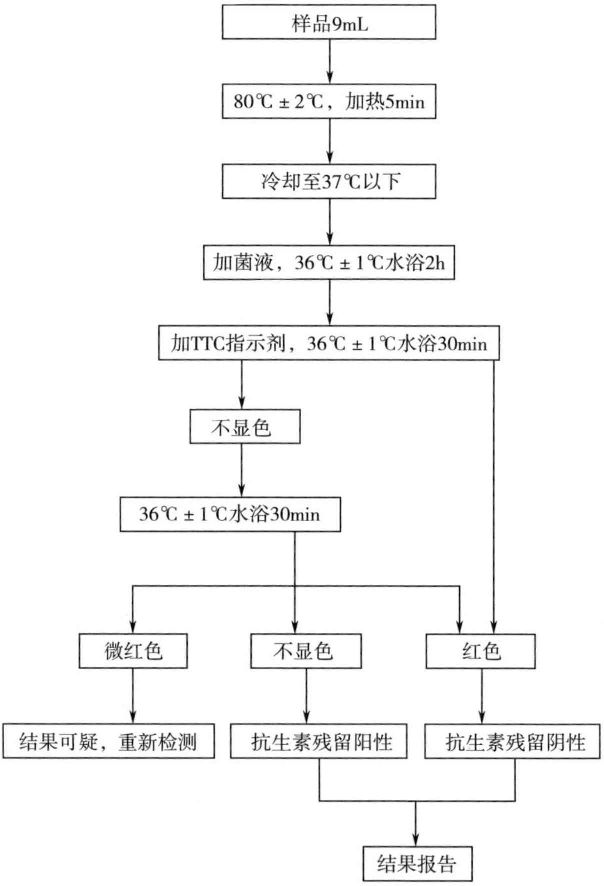

图 1　鲜乳中抗生素残留检验流程图

五、分析步骤

1.活化菌种

取一接种环嗜热链球菌菌种，接种在9mL灭菌脱脂乳中，置于36℃±1℃恒温培养箱中培养12~15h后，置于2~5℃冰箱中保存备用，每15d转种一次。

2.测试菌液

将经过活化的嗜热链球菌菌种接种灭菌脱脂乳，36℃±1℃培养15h±1h，加入相同体积的灭菌脱脂乳混匀稀释成为测试菌液。

3.培养

取样品9mL，置于18mm×180mm试管内，每份样品另外做一份平行样。同时再做阴性和阳性对照各一份，阳性对照管用9mL青霉素G参照溶液，阴性对照管用9mL灭菌脱脂乳。所有试管置于80℃±2℃水浴加热5min，冷却至37℃以下，加入测试菌液1mL，轻轻旋转试管混匀。36℃±1℃水浴培养2h，加入4% TTC水溶液0.3mL，在涡旋混匀器上混合15s或振动试管混匀。36℃±1℃水浴避光培养30min，观察颜色变化。如果颜色没有变化，于水浴中继续避光培养30min进行最终观察。观察时要迅速，避免光照过久出现干扰。

4.判断方法

在白色背景前观察，试管中样品呈乳的原色时，表示乳中有抗生素存在，为阳性结果；试管中样品呈红色为阴性结果；如最终观察现象仍为可疑，建议重新检测。

六、报告

最终观察时，样品变为红色，报告为抗生素残留阴性；样品依然呈乳的原色，报告为抗生素残留阳性。

本操作检测几种常见抗生素的最低检出限为：青霉素0.004IU，链霉素0.5IU，庆大霉素0.4IU，卡那霉素5IU。

任务单

（嗜热链球菌抑制法）

一、任务要求

能够根据嗜热链球菌抑制法，利用样品经过80℃杀菌后，添加嗜热链球菌菌液。培养一段时间后，嗜热链球菌开始增殖。这时候加入代谢底物2，3，5-氯化三苯四氮唑（TTC），若该样品中不含有抗生素或抗生素的浓度低于检测限，嗜热链球菌将继续增殖，还原TTC成为红色物质；如果样品含有高于检测限的抑菌剂，则嗜热链球菌受到抑制，因此指示剂TTC不还原，保持原色。对鲜乳样品进行活化菌种、测试菌液、培养、判断结果等操作，并做出鲜乳是否含抗生素的正确判定与报告。

二、任务实施

（一）分组讨论，制订工作方案、确定人员分工

填写方案设计表（附表1）。

（二）培养基（试剂）配制、仪器设备（及材料）的准备

1.培养基（试剂）配制

填写试剂配制表（附表2）。

2.仪器设备（及材料）

填写所需仪器设备统计表（附表3）。

（三）实验操作

按照资料单中的分析步骤操作。

（四）填写原始数据

鲜乳中抗生素测定与评价原始数据记录单

<table>
<tr><td>样品名称</td><td colspan="2"></td><td>样品编号</td><td></td><td>样品质量（g）</td><td></td></tr>
<tr><td>检测地点</td><td colspan="2"></td><td>检测项目</td><td></td><td>检测依据</td><td></td></tr>
<tr><td>仪器名称</td><td colspan="2"></td><td>室温（℃）</td><td></td><td>相对湿度RH（%）</td><td></td></tr>
<tr><td rowspan="2">结果分析</td><td>序号</td><td>样1</td><td>样2</td><td>阴性对照管</td><td colspan="2">阳性对照管</td></tr>
<tr><td>颜色变化</td><td></td><td></td><td></td><td colspan="2"></td></tr>
<tr><td>安全评价结果</td><td colspan="6"></td></tr>
</table>

检验人：　　　　校核人：

三、考核评价

鲜乳中抗生素测定与评价（嗜热链球菌抑制法）考核评分标准

资料单

（嗜热脂肪芽孢杆菌抑制法）

一、原理

培养基预先混合嗜热脂肪芽孢杆菌芽孢，并含有pH指示剂（溴甲酚紫）。加入样品并孵育后，若该样品中不含有抗生素或抗生素的浓度低于检测限，细菌芽孢将在培养基中生长并利用糖产酸，pH指示剂的紫色变为黄色，相反，如果样品中含有高于检测限的抗生素，则细菌芽孢不会生长，pH指示剂的颜色保持不变，仍为紫色。

二、菌种、培养基和试剂

（1）菌种：嗜热脂肪芽孢杆菌卡利德变种。

（2）无菌磷酸盐缓冲液：磷酸二氢钠 2.83g、磷酸二氢钾 1.36g、蒸馏水1000mL，将上述成分混合，调节pH至7.3 ± 0.1，121℃高压灭菌20min。

（3）灭菌脱脂乳：无抗生素的脱脂乳经115℃灭菌20min。也可采用无抗生素的脱脂牛乳粉，以蒸馏水10倍稀释，加热至完全溶解，115℃灭菌20min。

（4）溴甲酚紫葡萄糖蛋白胨培养基：蛋白胨10.0g、葡萄糖 5.0g、2%溴甲酚紫乙醇溶液0.6mL、琼脂4.0g、蒸馏水1000mL，在蒸馏水中加入蛋白胨、葡萄糖、琼脂，加热搅拌至完全溶解，调节PH至7.1 ± 0.1，然后加入溴甲酚紫乙醇溶液，混匀后，115℃高压灭菌30min。

（5）青霉素G参照溶液：同嗜热链球菌抑制法资料单中的配制方法。

三、仪器设备

除微生物实验室常规灭菌及培养设备外，其他仪器设备如下。

（1）冰箱：2 ~ 5℃、−20 ~ −5℃。

（2）恒温培养箱：36℃ ± 1℃、56℃ ± 1℃。

（3）恒温水浴锅：65℃ ± 2℃、80℃ ± 2℃。

（4）无菌吸管或100μL、200μL微量移液器及吸头。

（5）无菌试管：18mm × 180mm、15mm × 100mm 。

（6）温度计：0 ~ 100℃。

（7）离心机：转速 5000r/min。

四、检验程序

样品中抗生素残留检验程序见图2。

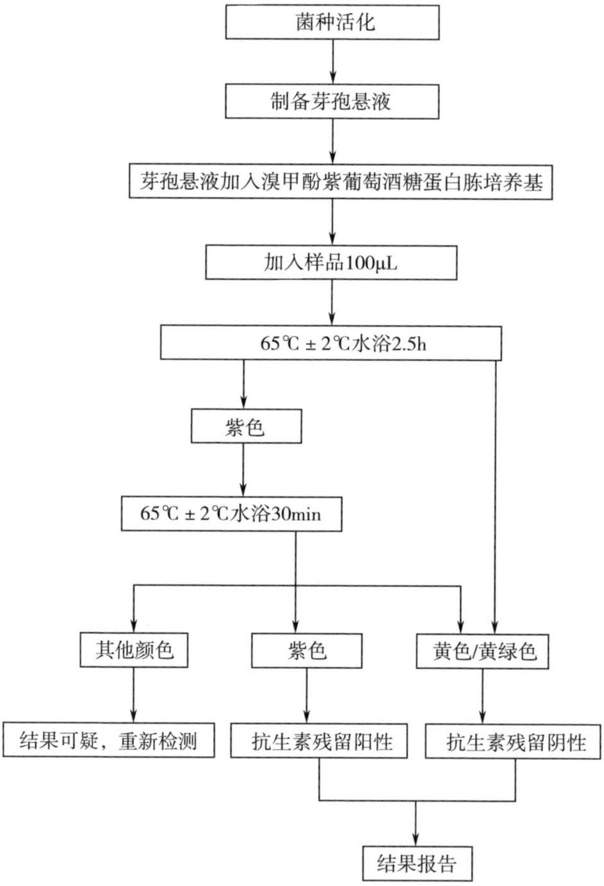

图 2　样品检验流程图

五、分析步骤

1.芽孢悬液

将嗜热脂肪芽孢杆菌菌种划线移种于营养琼脂平板表面，56℃ ± 1℃培养24h后挑取乳白色半透明圆形特征菌落，在营养琼脂平板上再次划线培养，56℃ ± 1℃培养24h后转入36℃ ± 1℃培养3 ~ 4d，镜检芽孢产率达到95%以上时进行芽孢悬液的制备。每块平板用1 ~ 3mL无菌磷酸盐缓冲液洗脱培养基表面的菌苔（如果使用克氏瓶，每瓶使用无菌磷酸盐缓冲液10 ~ 20mL）。将洗脱液5000 r/min离心15min。取沉淀物加0.03mol/L的无菌磷酸盐缓冲液（pH7.2），制成1×10^9CFU/mL芽孢悬液，置于80℃ ± 2℃恒温水浴中10min后，密封防止水分蒸发，置于2 ~ 5℃保存备用。

2.测试培养基

在溴甲酚紫葡萄糖蛋白胨培养基中加入适量芽孢悬液，混合均匀，使最终的芽孢浓度为（8×10^5）~（2×10^6）CFU/mL。混合芽孢悬液的溴甲酚紫葡萄糖蛋白胨培养基分装小试管，每管200μL，密封防止水分蒸发。配制好的测试培养基可以在2 ~ 5℃保存6个月。

3.培养操作

吸取样品100μL加入含有芽孢的测试培养基中，轻轻旋转试管混匀。每份检样做两份，另外再做阴性和阳性对照各一份，阳性对照管为100μL青霉素G参照溶液，阴性对照管为100μL无抗生素的脱脂乳。于65℃ ± 2℃水浴培养2.5h，观察培养基颜色的变化。如果颜色没有变化，须再于水浴中培养30min做最终观察。

4.判断方法

在白色背景前从侧面和底部观察小试管内培养基颜色。保持培养基原有的紫色为阳性结果；培养基变成黄色或黄绿色为阴性结果；颜色处于二者之间，为可疑结果。对于可疑结果应继续培养30min再进行最终观察。如果培养基颜色仍然处于黄色到紫色之间，表示抗生素浓度接近方法的最低检出限，此时建议重新检测。

六、报告

最终观察时，培养基依然保持原有的紫色，可以报告为抗生素残留阳性。

培养基变为黄色或黄绿色时，可以报告为抗生素残留阴性。

本操作检测几种常见抗生素的最低检出限为：青霉素3μg/L，链霉素50μg/L，庆大霉素30μg/L，卡那霉素50μg/L。

任务单

（嗜热脂肪芽孢杆菌抑制法）

一、任务要求

能够根据嗜热脂肪芽孢杆菌抑制法，利用培养基预先混合嗜热脂肪芽孢杆菌芽孢，并含有pH指示剂（溴甲酚紫）。加入样品并孵育后，若该样品中不含有抗生素或抗生素的浓度低于检测限，细菌芽孢将在培养基中生长并利用糖产酸，使pH指示剂的紫色变为黄色。相反，如果样品中含有高于检测限的抗生素，则细菌芽孢不会生长，pH指示剂的颜色保持不变，仍为紫色。对鲜乳样品进行菌种活化、制备芽孢悬液、培养、判断结果等操作，并做出鲜乳是否含抗生素的正确判定与报告。

二、任务实施

（一）分组讨论，制订工作方案、确定人员分工

填写方案设计表（附表1）。

（二）培养基（试剂）配制、仪器设备（及材料）的准备

1.培养基（试剂）配制

填写试剂配制表（附表2）。

2.仪器设备（及材料）

填写所需仪器设备统计表（附表3）。

（三）实验操作

按照资料单中的分析步骤操作。

（四）填写原始数据

鲜乳中抗生素测定与评价原始数据记录单

样品名称		样品编号		样品质量（g）	
检测地点		检测项目		检测依据	
仪器名称		室温（℃）		相对湿度RH（%）	

续表

结果分析	序号	样1	样2	阴性对照管	阳性对照管
	颜色变化				
安全评价结果					
检验人：			校核人：		

三、考核评价

鲜乳中抗生素测定与评价（嗜热脂肪芽孢杆菌抑制法）考核评分标准

技能操作三　乳粉感官评价

资料单

一、原理

乳粉的感官评价采用定量描述和感官剖面检验的方法，将感官指标分为4大项，其中滋味和气味40分、冲调性30分、组织状态20分、色泽10分；将冲调性分为3小项，各占10分；分别采用不同的方法进行判定打分，最终获得乳粉感官评价结果。

本操作参考RHB 201—2004《全脂乳粉感官评鉴细则》。

二、试剂和材料

（1）全脂（或脱脂）乳粉。
（2）硫酸纸若干。
（3）透明洁净的200mL烧杯。
（4）蒸馏水。
（5）大号塑料勺。
（6）黑色塑料盘。
（7）秒表。

三、仪器和设备

（1）天平：感量为0.1g。
（2）干燥器。

四、实验室要求

感官评鉴实验室应设置于无气味、无噪声的区域中。为了防止评鉴前通过身体或视觉的接触，使评鉴员得到一些片面的、不正确的信息，影响他们的感官反应和判断，评鉴员进入评鉴区时要避免经过准备区和办公区。

（1）品评室　品评室应与准备区相隔离，并保持清洁，采用中性的或不会引起注意力转移的色彩，例如白色。房间通风情况良好，安静。根据品评室空间大小和评鉴人员数量分割成数个评鉴工作间，内设工作台和照明光源。

①评鉴工作间：每个评鉴工作间长和宽约为100cm。评鉴工作间过小，评价员会感到“狭促”，但过分宽大会浪费空间。为了防止评鉴员之间相互影响，评鉴工作间之间要用不透明的隔离物分隔开，隔离物的高度要高于评鉴工作台面100cm以上，两侧延伸至距离台面边缘50cm以上。评鉴工作间前面要设样品和评鉴工具传递窗口。一般窗口宽为45cm、高40cm（具体尺寸取决于所使用的样品托盘的大小）。窗口下边应与评鉴工作台面在同一水平面上，便于样品和评鉴工具滑进滑出。评鉴工作间后的走廊应该足够宽，能使评鉴员方便地进出。

②评鉴工作台：评鉴工作台的高度通常是书桌或办公桌的高度（76cm），台面为白色，整洁干净。评鉴工作台的一角装有评鉴员漱口用的洁净水龙头和小型不锈钢水斗。台上配备数据输入设备或者留有数据输入端口和电源插座。

③照明光源：评鉴工作间应装有白色昼型照明光源。照度至少应在300lx之上，最大可到800lx，可以用调光开关进行控制。光线在台面上应该分布均匀，不应造成阴影。观察区域的背景颜色应该是无反射的、中性的。评鉴员的观察角度和光线照射在

样品上的角度不应该相同，评鉴工作间设置的照明光源通常垂直在样品之上，当评鉴员落座时，他们的观察角度大约与样品成45°。

（2）讨论室　讨论室通常与会议室的布置相似，但室内装饰和家具设施应简单，且色彩不会影响评鉴员的注意力。该区对于评鉴员和准备区来说，应该比较方便，但评鉴员的视线或身体不应接触到准备区，其环境控制、照明等可参照评鉴室。

（3）评鉴员休息室　评鉴员休息室应该有舒适的设施，良好的照明，干净整洁，同时注意防止噪声和精神上的干扰对评鉴员产生不利的影响。

（4）准备区　根据样品的贮存要求，准备区要有足够的贮存空间，防止样品之间相互污染。准备用具要清洁，易于清洗。要求使用无味清洗剂洗涤。准备过程中应避免外界因素对样品的色香味产生影响，破坏样品的质地和结构，影响评鉴结果。样品的准备要具有代表性，分割要均匀一致。样品一般要在评鉴开始前1h以内进行制备，并严格控制样品温度。评鉴用器具要统一。

五、人员要求

感官评鉴人员是以乳制品专业知识为基础，经过感官分析培训，能够运用自己的视觉、触觉、味觉和嗅觉等对乳制品的色、香、味和质地等诸多感官特性作出正确评价的人员。作为乳制品感官评鉴人员必须满足下列要求。

（1）必须具备乳制品加工、检验方面的专业知识。

（2）必须是通过感官分析测试合格者，具有良好的感官分析能力。

（3）应具有良好的健康状况，不应患有色盲、鼻炎、龋齿、口腔炎等疾病。

（4）具有良好的表达能力，在对样品的感官特性进行描述时，能够做到准确、无误，恰到好处。

（5）具有集中精力和不受外界影响的能力，热爱评鉴工作。

（6）对样品无偏见、无厌恶感，能够客观、公正地评价样品。

（7）工作前不使用香水、化妆品，不用香皂洗手。

（8）不在饮食后1h内进行评鉴工作。

（9）不在评鉴开始前30min内吸烟。

乳制品感官评鉴参加人数不得少于7人。

六、分析步骤

1.色泽、组织状态的评定

在充足的日光或白炽灯光下，分别取5g待检乳粉放在硫酸纸上，观察乳粉的色泽和组织状态。

2.冲调的评定

（1）下沉时间 量取50~55℃的蒸馏水100 mL放入200mL烧杯中，称取13.6g待检乳粉，将乳粉迅速倒入烧杯的同时启动秒表开始计时。待水面上的粉全部下沉后结束计时，记录乳粉下沉时间。

（2）小白点、挂壁和团块 检验完乳粉的下沉时间后，立即用大号塑料勺沿容器壁按每秒转动二周的速度进行匀速搅拌，搅拌时间为40~50s。然后观察复原乳的挂壁情况；将复原乳（2mL）倾倒入黑色塑料盘中观察小白点情况；最后观察容器底部是否有不溶团块。

（3）滋味及气味 首先用清水漱口，然后用鼻子闻复原乳气味，最后喝一口（约5mL）复原乳，仔细品味再咽下。

七、评价要求

1.感官指标按百分制评定（表1）

表1 乳粉感官指标表

项 目	分 数
滋味及气味	40
冲调性	30
组织状态	20
色泽	10

2.感官评分（表2）

表2 乳粉感官评分表

项目	特征	得分
色泽（10分）	色泽均一，呈乳黄色或浅黄色；有光泽	10
	色泽均一，呈乳黄色或浅黄色；略有光泽	9~8
	黄色特殊或带浅白色；基本无光泽	7~6
	色泽不正常	5~4
组织状态（20分）	颗粒均匀、适中、松散、流动性好	20
	颗粒较大或稍大、不松散，有结块或少量结块，流动性较差	19~16
	颗粒细小或稍小，有较多结块，流动性较差；有少量肉眼可见的焦粉粒	15~12
	粉质粘连，流动性非常差；有较多肉眼可见的焦粉粒	11~8

续表

项目	特征		得分
冲调性（30分）	下沉时间（10分）	≤10s	10
		11~20s	9~8
		21~30s	7~6
		＞30s	5~4
	挂壁和小白点（10分）	小白点≤10个，颗粒细小；杯壁无小白点和絮片	10
		有少量小白点，颗粒细小；杯壁上的小白点和絮片≤10个	9~8
		有少量小白点，周边较多，颗粒细小；杯壁有少量小白点和絮片	7~6
		有大量小白点和絮片，中间和四周无明显区别；杯壁有大量小白点和絮片而不下落	5~4
	团块（10分）	0	10
		1≤团块≤5	9~8
		5＜团块≤10	7~6
		团块＞10	5~4
滋味及气味（40分）	浓郁的乳香味		40
	乳香味不浓，无不良气味		39~32
	夹杂其他异味		31~24
	乳香味不浓同时明显夹杂其他异味		23~16

八、数据处理

1.得分

采用总分100分制，即最高100分；单项最高得分不能超过单项规定的分数，最低是0分。

2.总分

在全部总得分中去掉一个最高分和一个最低分，按以下公式计算，结果取整数：

$$总分=\frac{剩余的单项得分之和}{全部评鉴员数-2}$$

3.单项得分

在全部单项得分中去掉一个最高分和一个最低分，按下列公式计算，结果取整数：

$$单项得分=\frac{剩余的单项得分之和}{全部评鉴员数-2}$$

任务单

一、任务要求

采用定量描述和感官剖面检验的方法评定乳粉品质，掌握乳制品专业知识，会进行乳粉的品质评价，运用自己的视觉、触觉、味觉和嗅觉等对乳制品的色、香、味和质地等诸多感官特性作出正确评价。

二、任务实施

（一）分组讨论，制订工作方案、确定人员分工

填写方案设计表（附表1）。

（二）试剂配制、仪器设备的准备

1.试剂配制

填写试剂配制表（附表2）。

2.仪器设备

填写所需仪器设备统计表（附表3）。

（三）实验操作

按照资料单中的分析步骤操作。

（四）填写原始数据

乳粉感官评价原始数据记录单

样品名称		样品编号		样品质量（g）	
检测地点		检测项目		检测依据	
仪器名称		室温（℃）		相对湿度RH（%）	

续表

<table>
<tr><td rowspan="7">感官评分</td><td colspan="2">色泽</td><td></td></tr>
<tr><td colspan="2">组织状态</td><td></td></tr>
<tr><td rowspan="3">冲调性</td><td>下沉时间</td><td></td></tr>
<tr><td>挂壁和小白点</td><td></td></tr>
<tr><td>团块</td><td></td></tr>
<tr><td colspan="2">滋味及气味</td><td></td></tr>
<tr><td colspan="2">得分</td><td></td></tr>
<tr><td>计算公式</td><td colspan="3"></td></tr>
<tr><td>乳粉感官评价结果</td><td colspan="3">注：结果取整</td></tr>
<tr><td>安全评价结果</td><td colspan="3"></td></tr>
<tr><td colspan="2">检验人：</td><td colspan="2">校核人：</td></tr>
</table>

三、考核评价

乳粉感官评价考核评分标准

乳与乳制品加工安全评价知识点在线测试

乳制品加工仿真

考核项目四 肉、蛋及其制品加工安全评价

技能操作一 发酵肠中生物胺含量的测定与评价（分光光度法）

资料单

一、原理

用三氯乙酸提取发酵肠中组胺，再与偶氮试剂反应生成红色化合物，其吸光度与样品中的组胺含量成正比，样品的吸光度与标准系列比较后定量。

本操作参考GB 5009.208—2016《食品安全国家标准　食品中生物胺的测定》。

二、试剂和材料

除非另作规定，本操作所用试剂均为分析纯。水为GB/T 6682—2008规定的一级水。

（1）三氯乙酸（$C_2HCl_3O_2$）溶液（100g/L）。

（2）正戊醇（$C_5H_{12}O$）。

（3）碳酸钠（Na_2CO_3）。

（4）盐酸（HCl，1+11）。

（5）氢氧化钠（NaOH）溶液（250g/L）。

（6）亚硝酸钠（$NaNO_2$）。

（7）酚酞（$C_{20}H_{14}O_4$）。

（8）碳酸氢钠（$NaHCO_3$）溶液（50g/L）。

（9）对硝基苯胺（$C_6H_6N_2O_2$）。

三、仪器和设备

（1）电子天平：感量为0.1mg、1mg。

（2）高速冷冻离心机。

（3）超声波细胞破碎仪。

（4）可见紫外分光光度计。

四、分析步骤

1.样品的预处理

取500g发酵肠代表性样品，用超声波细胞破碎仪进行充分破碎，均分成两份，分别装入洁净容器中，密封，并标明标记，-20℃保存。

2.试剂制备

（1）组胺标准储备液　准确称取0.2767g于100℃ ± 5℃干燥2h的磷酸组胺溶于适量水，移入100mL容量瓶中，再加水定容至刻度。此溶液每毫升相当于1.0mg组胺。

（2）磷酸组胺标准使用液　吸取1.0mL组胺标准溶液，置于50mL容量瓶中，加水稀释至刻度。此溶液每毫升相当于20.0μg组胺。

（3）偶氮试剂

①甲液：称取0.5g对硝基苯胺，加5mL盐酸溶液溶解后，再加水稀释至200mL，置于冰箱中，临用时现配。

②乙液：亚硝酸钠溶液（5g/L），临用时现配。

③吸取5mL甲液，40mL乙液混合即为偶氮试剂，临用时现配。

3.提取

称取5.00g样品，置于具塞锥形瓶中，加入三氯乙酸溶液20mL，超声处理（功率300W，温度45℃）2min后，于4℃以6000r/min离心5min。上清液稀释100倍后取2.0mL于10mL离心管中，加入1滴酚酞指示剂（10g/L），逐滴滴加氢氧化钠溶液（250mg/L）呈碱性（溶液刚呈红色），每次加入正戊醇3mL，涡旋振荡2min后，于4℃以2000r/min离心5min，提取3次，合并正戊醇提取液并稀释至10.0mL，备用。

4.提取液净化

取1.0mL盐酸提取液于10mL比色管中，加3mL碳酸钠溶液，3mL偶氮试剂，加水至刻度，涡旋振荡2min，静置10min，除去上层脂肪，上清液用滤纸过滤，弃去初滤液30mL，滤液备用。

5.组胺的测定

准确吸取0.0，0.2，0.4，0.6，0.8，1.0mL组胺标准使用液分别置于6支10mL比色管中，加水至1mL。再各加1mL盐酸（1+11），3mL碳酸钠溶液，3mL偶氮试剂，加水至刻度，混匀，放置10min，用1cm比色杯以零管调节零点，480nm测吸光值，绘制标准曲线比较，或与标准系列目测比较。

五、结果分析

样品中组胺的含量按下式进行计算：

$$X=\frac{m_1}{m_2\times\left(\frac{2}{V_1}\right)\times\left(\frac{2}{10}\right)\times\left(\frac{2}{10}\right)\times 1000}\times 100$$

式中 X——样品中组胺的含量，mg/100g；

V_1——加入三氯乙酸溶液（100g/L）的体积，mL；

m_1——测定时样品中组胺的质量，μg；

m_2——样品质量，g。

计算结果保留小数点后一位。

六、精密度

在重复性条件下获得的两次独立测定结果的绝对差值不得超过算术平均值的10%。

任务单

一、任务要求

采用分光光度法完成样品中组胺含量的测定，了解偶氮试剂比色法测定发酵肠中组胺的方法原理；掌握正戊醇提取组胺的操作技术；能利用分光光度计对样品及标准溶液中组胺进行检测，能准确计算样品中组胺的含量。

二、任务实施

（一）分组讨论，制订工作方案、确定人员分工

填写方案设计表（附表1）。

（二）试剂配制、仪器设备的准备

1.试剂配制

填写试剂配制表（附表2）。

2.仪器设备

填写所需仪器设备统计表（附表3）。

（三）实验操作

按照资料单中的分析步骤操作。

（四）填写原始数据

发酵肠中组胺含量的检测原始数据记录单

<table>
<tr><td>样品名称</td><td colspan="4"></td><td colspan="2">样品编号</td><td colspan="2"></td><td colspan="2">样品质量（g）</td><td colspan="2"></td></tr>
<tr><td>检测地点</td><td colspan="4"></td><td colspan="2">检测项目</td><td colspan="2"></td><td colspan="2">检测依据</td><td colspan="2"></td></tr>
<tr><td>仪器名称</td><td colspan="4"></td><td colspan="2">室温（℃）</td><td colspan="2"></td><td colspan="2">相对湿度RH（%）</td><td colspan="2"></td></tr>
<tr><td rowspan="4">分析数据</td><td>序号</td><td>1</td><td>2</td><td>3</td><td>4</td><td>5</td><td>6</td><td>7</td><td>8</td><td>9</td><td>样1</td><td>样2</td></tr>
<tr><td>体积（mL）</td><td></td><td></td><td></td><td></td><td></td><td></td><td></td><td></td><td></td><td></td><td></td></tr>
<tr><td>质量（μg）</td><td></td><td></td><td></td><td></td><td></td><td></td><td></td><td></td><td></td><td></td><td></td></tr>
<tr><td>吸光度</td><td></td><td></td><td></td><td></td><td></td><td></td><td></td><td></td><td></td><td></td><td></td></tr>
<tr><td>计算公式</td><td colspan="12"></td></tr>
<tr><td>样品中组胺含量（mg/kg）</td><td colspan="12">注：结果保留小数点后一位</td></tr>
<tr><td>安全评价结果</td><td colspan="12"></td></tr>
<tr><td colspan="6">检验人：</td><td colspan="7">校核人：</td></tr>
</table>

三、考核评价

发酵肠中生物胺含量的测定与评价（分光光度法）考核评分标准

技能操作二 皮蛋中铅的测定（火焰原子吸收光谱法）

资料单

一、原理

样品经处理后，铅离子在一定pH条件下与二乙基二硫代氨基甲酸钠（DDTC）形成络合物，经4-甲基-2-戊酮（MIBK）萃取分离，导入原子吸收光谱仪中，经火焰原子化，在283.3nm处测定其吸光度，在一定浓度范围内铅的吸光度值与铅含量成正比，与标准系列比较定量。

本操作参考GB 5009.12—2023《食品安全国家标准　食品中铅的测定》和GB/T 9694—2014《皮蛋》。

二、试剂和材料

除非另作规定，本操作所用试剂均为分析纯。水为GB/T 6682—2008规定的二级水或去离子水。

（1）硝酸（HNO_3）：优级纯。

（2）高氯酸（$HClO_4$）：优级纯。

（3）盐酸（HCl）：优级纯。

（4）氨水（$NH_3 \cdot H_2O$）：优级纯。

（5）4-甲基-2-戊酮（MIBK、$C_6H_{12}O$）。

（6）硝酸铅［$Pb(NO_3)_2$、CAS号：10099-74-8］：纯度>99.99%，或经国家认证并授予标准物质证书的一定浓度的铅标准溶液。

（7）硝酸溶液（5+95）：量取50mL硝酸，缓慢加入到950mL水中，混匀。

（8）硝酸溶液（1+9）：量取50mL硝酸，缓慢加入到450mL水中，混匀。

（9）硫酸铵［$(NH_4)_2SO_4$］溶液（300g/L）：称取30g硫酸铵，用水溶解并稀释至100mL，混匀。

（10）柠檬酸铵［$C_6H_5O_7(NH_4)_2$］溶液（250g/L）：称取25g柠檬酸铵，用水溶解并稀释至100mL，混匀。

（11）溴百里酚蓝（$C_{27}H_{29}O_5SBr_2$）水溶液（1g/L）：称取0.1g溴百里酚蓝，用水溶解并稀释至100mL，混匀。

（12）二乙基二硫代氨基甲酸钠［DDTC、$(C_2H_5)_2NCSSNa \cdot 3H_2O$］溶液（50g/L）：称取5gDDTC，用水溶解并稀释至100mL，混匀。

（13）氨水溶液（1+1）：吸取100mL氨水，加入100mL水，混匀。

（14）盐酸溶液（1+11）：吸取10mL盐酸，加入110mL水，混匀。

（15）铅标准储备液（1000mg/L）：准确称取1.5985g（精确至0.0001g）硝酸铅，用少量硝酸溶液（1+9）溶解，移入1000mL容量瓶，加水至刻度，混匀。

（16）铅标准中间液（10.0mg/L）：准确吸取铅标准储备液（1000mg/L）1.00mL于100mL容量瓶中，加硝酸溶液（5+95）至刻度，混匀。

三、仪器和设备

（1）原子吸收光谱仪：配火焰原子化器、附铅空心阴极灯。

（2）分析天平：感量0.1mg、1mg。

（3）可调式电热炉。

（4）可调式电热板。

（5）高速组织捣碎机。

（6）分液漏斗：125mL。

（7）带塞刻度管：10mL。

所有玻璃器皿均需硝酸溶液（1+5）浸泡过夜，用自来水反复冲洗，最后用水冲洗干净。

四、分析步骤

1.样品的预处理

取3枚皮鸭蛋（或者5枚皮鸡蛋），去壳后称其总量，然后放入高速组织捣碎机中，按2：1加入去离子水捣成匀浆（依据GB 5009.12—2023操作）。

2.样品前处理

（1）湿法消解　称取固体样品0.2~3g（精确至0.001g）或准确移取液体样品0.500~5.00mL于带刻度消化管中，加入10mL硝酸和0.5mL高氯酸，在可调式电热炉上消解［参考条件：120℃/（0.5~1）h；升至180℃/（2~4）h、升至200~220℃］。若消化液呈棕褐色，再加少量硝酸，消解至冒白烟，消化液呈无色透明或略带黄色，取出消化管，冷却后用水定容至10mL，混匀备用。同时做空白实验。亦可采用锥形瓶，于可调式电热板上，按上述操作方法进行湿法消解。

（2）微波消解　称取固体样品0.2~0.8g（精确至0.001g）或准确移取液体样品0.500~3.00mL于微波消解罐中，加入5mL硝酸，按照微波消解的操作步骤消解样品，消解条件参考表1。冷却后取出消解罐，在电热板上于140~160℃赶酸至1mL左右。消解罐放冷后，将消化液转移至10mL容量瓶中，用少量水洗涤消解罐2~3次，合并洗涤液于容量瓶中并用水定容至刻度，混匀备用。同时做空白实验。

表1 微波消解升温程序

步骤	设定温度/℃	升温时间/min	恒温时间/min
1	120	5	5
2	160	5	10
3	180	5	10

（3）压力罐消解　称取固体样品0.2~1g（精确至0.001g）或准确移取液体样品0.500~5.00mL于消解内罐中，加入5mL硝酸。盖好内盖，旋紧不锈钢外套，放入恒温干燥箱，于140~160℃下保持4~5h。冷却后缓慢旋松外罐，取出消解内罐，放在可调式电热板上于140~160℃赶酸至1mL左右。冷却后将消化液转移至10mL容量瓶中，用少量水洗涤内罐和内盖2~3次，合并洗涤液于容量瓶中并用水定容至刻度，混匀备用。同时做空白实验。

3.测定

（1）仪器参考条件　火焰原子吸收光谱法仪器参考条件见表2。

表2 火焰原子吸收光谱法仪器参考条件

元素	波长/nm	狭缝/nm	灯电流/mA	燃烧头高度/nm	空气流量/（L/min）
铅	283.3	0.5	8~12	6	8

（2）标准曲线的制作　分别吸取铅标准使用液0.00，0.250，0.500，1.00，1.50，2.00mL（相当于0.00，2.50，5.00，10.0，15.0，20.0μg的铅）于125mL分液漏斗中，补加水至60mL。加2mL柠檬酸铵溶液（250g/L），溴百里酚蓝水溶液（1g/L）3~5滴，用氨水溶液（1+1）调pH至溶液由黄变蓝，加硫酸铵溶液（300g/L）10mL，DDTC溶液（1g/L）10mL，摇匀。放置5min左右，加入10mL MIBK，剧烈振摇提取1min，静置分层后，弃去水层，将MIBK层放入10mL带塞刻度管中，得到标准系列溶液。

将标准系列溶液按质量由低到高的顺序分别导入火焰原子化器，原子化后测其吸光度值，以铅的质量为横坐标，吸光度值为纵坐标，绘制标准曲线。

（3）样品溶液的测定　将样品消化液及空白试剂分别置于125mL分液漏斗中，补加水至60mL。加2mL柠檬酸铵溶液（250g/L），溴百里酚蓝水溶液（1g/L）3~5滴，用氨水溶液（1+1）调pH至溶液由黄变蓝，加硫酸铵溶液（300g/L）10mL，DDTC溶液（1g/L）10mL，摇匀。放置5min左右，加入10mL MIBK，剧烈振摇提取1min，静置分层后，弃去水层，将MIBK层放入10mL带塞刻度管中，得到样品溶液和空白溶液。

将样品溶液和空白溶液分别导入火焰原子化器，原子化后测其吸光度值，与标准系列比较定量。

五、结果分析

皮蛋中铅的含量按下式计算：

$$X=\frac{m_1-m_0}{m_2}$$

式中　X——皮蛋样品中铅的含量，mg/kg；

m_1——皮蛋样品溶液中铅的质量，μg；

m_0——空白溶液中铅的质量，μg；

m_2——皮蛋样品称样量，g。

当铅含量≥10.0mg/kg时，计算结果保留三位有效数字；当铅含量<10.0mg/kg时，计算结果保留两位有效数字。

本方法的检出限为0.4mg/kg，定量限为1.2mg/kg。

六、精密度

在重复性条件下获得的两次独立测定结果的绝对差值不得超过算术平均值的20%。

任务单

一、任务要求

采用火焰原子吸收光谱法完成皮蛋中铅含量的测定，掌握样品制备、提取、净化方法，会进行标准溶液、标准使用液的配制，能规范熟练操作火焰原子吸收分光光度计，能利用火焰原子吸收分光光度计对样品及标准溶液中铅进行检测，能准确计算样品中铅的含量。

二、任务实施

（一）分组讨论，制订工作方案、确定人员分工

填写方案设计表（附表1）。

（二）试剂配制、仪器设备的准备

1.试剂配制

填写试剂配制表（附表2）。

2.仪器设备

填写所需仪器设备统计表（附表3）。

（三）实验操作

按照资料单中的分析步骤操作。

（四）填写原始数据

皮蛋中铅含量的检测原始数据记录单

<table>
<tr><td>样品名称</td><td colspan="2"></td><td colspan="2">样品编号</td><td colspan="2"></td><td colspan="2">样品质量（g）</td><td></td></tr>
<tr><td>检测地点</td><td colspan="2"></td><td colspan="2">检测项目</td><td colspan="2"></td><td colspan="2">检测依据</td><td></td></tr>
<tr><td>仪器名称</td><td colspan="2"></td><td colspan="2">室温（℃）</td><td colspan="2"></td><td colspan="2">相对湿度RH（%）</td><td></td></tr>
<tr><td rowspan="5">分析数据</td><td>序号</td><td>1</td><td>2</td><td>3</td><td>4</td><td>5</td><td>6</td><td>样1</td><td>样2</td></tr>
<tr><td>体积（mL）</td><td></td><td></td><td></td><td></td><td></td><td></td><td></td><td></td></tr>
<tr><td>质量（μg）</td><td></td><td></td><td></td><td></td><td></td><td></td><td></td><td></td></tr>
<tr><td>吸光度</td><td></td><td></td><td></td><td></td><td></td><td></td><td></td><td></td></tr>
<tr><td>样品质量（g）</td><td colspan="2"></td><td>加入的去离子水质量（g）</td><td colspan="2"></td><td>消化用样品匀浆质量（g）</td><td colspan="2"></td></tr>
<tr><td>计算公式</td><td colspan="9"></td></tr>
<tr><td>样品中铅含量（mg/kg）</td><td colspan="9">注：结果保留2位有效数字</td></tr>
<tr><td>安全评价结果</td><td colspan="9"></td></tr>
</table>

检验人：　　　　　　　　　　校核人：

三、考核评价

皮蛋中铅的测定（火焰原子吸收光谱法）考核评分标准

肉、蛋及其制品加工安全评价知识点在线测试

肉制品加工仿真

牦牛肉加工仿真

参考文献

王新惠，白婷，李俊霞，等.发酵肉制品中组胺含量测定方法的比较［J］.食品与机械，2015，31（03）：37–39+92.

考核项目五
果蔬加工安全评价

技能操作一 水果蒸馏酒中氰化物的测定（分光光度法）

资料单

一、原理

蒸馏酒及其配制酒在碱性条件下加热除去高沸点有机物，然后在pH 7.0条件下，用氯胺T 将氰化物转变为氯化氰，再与异烟酸-吡唑啉酮作用，生成蓝色染料，与标准系列比较定量。

本操作参考GB 5009.36—2023《食品安全国家标准　食品中氰化物的测定》。

二、试剂和材料

除非另作规定，本操作所用试剂均为分析纯，水为GB/T 6682—2008规定的三级水。

（1）甲基橙（$C_{14}H_{14}O_3N_3SNa$）：指示剂。

（2）酚酞（$C_{20}H_{14}O_4$）：指示剂。

（3）酒石酸（$C_4H_6O_6$）。

（4）氢氧化钠（NaOH）。

（5）磷酸二氢钾（KH_2PO_4）。

（6）磷酸氢二钠（Na_2HPO_4）。

（7）乙酸（$C_2H_4O_2$）。

（8）异烟酸（$C_6H_5O_2N$）。

（9）吡唑啉酮（$C_{10}H_{10}N_2O$）。

（10）氯胺T（$C_7H_7SO_2NClNa \cdot 3H_2O$）：保存于干燥器中。

（11）无水乙醇（C_2H_6O）。

（12）乙酸锌（$C_4H_6O_4Zn$）。

（13）甲基橙指示剂（0.5g/L）：称取50mg甲基橙，溶于水中，并稀释至100mL。

（14）氢氧化钠溶液（20g/L）：称取2g氢氧化钠，溶于水中，并稀释至100mL。

（15）氢氧化钠溶液（10g/L）：称取1g氢氧化钠，溶于水中，并稀释至100mL。

（16）乙酸锌溶液（100g/L）：称取10g乙酸锌，溶于水中，并稀释至100mL。

（17）氢氧化钠溶液（2g/L）：量取10mL氢氧化钠溶液（20g/L），用水稀释至100mL。

（18）氢氧化钠溶液（1g/L）：量取5mL氢氧化钠溶液（20g/L），用水稀释至100mL。

（19）乙酸溶液（1+24）：将乙酸和水按1∶24的体积比混匀。

（20）酚酞-乙醇指示液（10g/L）：称取1g酚酞试剂，用无水乙醇溶解，并定容至100mL。

（21）磷酸盐缓冲溶液［（0.5mol/L）pH7.0］：称取34.0g无水磷酸二氢钾和35.5g无水磷酸氢二钠，溶于水并稀释至1000mL。

（22）异烟酸-吡唑啉酮溶液：称取1.5g异烟酸溶于24mL氢氧化钠溶液（20g/L）中，加水至100mL，另称取0.25g吡唑啉酮，溶于20mL 无水乙醇中，合并上述两种溶液，摇匀，临用时配制。

（23）氯胺T溶液（10g/L）：称取1g氯胺T溶于水中，并稀释至100mL，临用时配制。

（24）水中氰成分分析标准物质（50μg/mL）：标准物质编号为GBW（E）080115。

（25）氰离子标准中间液（1μg/mL）：取2mL 水中氰成分分析标准物质（50μg/mL），用氢氧化钠溶液（2g/L）定容至100mL。

三、仪器和设备

（1）可见分光光度计。

（2）分析天平：感量为0.001g。

（3）具塞比色管：10mL。

（4）恒温水浴锅：37℃±1℃。

（5）电加热板：120℃±1℃。

（6）500mL水蒸气蒸馏装置。

四、分析步骤

1.样品的预处理

（1）无色样品预处理　吸取1.0mL样品于50mL 烧杯中，加入5mL2g/L 氢氧化钠溶液，放置10min，然后放于120℃电加热板上加热至溶液剩余约1mL，取下放至室温，用2g/L氢氧化钠溶液转移至10mL具塞比色管中，最后加2g/L氢氧化钠至5mL。

（2）浑浊或有色样品预处理　若酒样浑浊或有色，取25.0mL样品于250mL蒸馏瓶中，加入100mL水，滴加数滴甲基橙指示剂，将冷凝管下端插入盛有10mL2g/L氢氧化钠溶液比色管的液面下，再加1~2g酒石酸，迅速连接蒸馏装置进行水蒸气蒸馏，收集蒸馏液约50mL，然后用水定容至50mL，混合均匀。取2.0mL馏出液按“（1）无色样品预处理”操作。

2.样品溶液的测定

（1）用移液管分别吸取0，0.4，0.8，1.2，1.6，2.0mL氰离子标准中间液于10mL具塞比色管中，加2g/L氢氧化钠至5mL。

（2）于样品及标准管中分别加入2滴酚酞指示剂，然后加入乙酸溶液调至红色褪去，再用2g/L氢氧化钠溶液调至近红色，然后加2mL磷酸盐缓冲溶液（如果室温低于20℃即放入25~30℃水浴中10min），再加入0.2mL氯胺T溶液，摇匀放置3min，加入2mL异烟酸–吡唑啉酮溶液，加水稀释至刻度，加塞振荡混合均匀，在37℃恒温水浴锅中放置40min，取出用1cm 比色杯以空白管调节零点，于波长638nm 处测吸光度。绘制标准曲线，从曲线上查出样品管中氰化物质量。

五、结果分析

无色样品预处理后样品中氰化物（以CN^-计）的含量按下式计算：

$$X=\frac{m\times 1000}{V\times 1000}$$

式中 X——样品中氰化物含量（以CN^-计），mg/L；

m——测定用样品中氰化物的质量，μg；

1000——换算系数；

V——样品体积，mL。

浑浊或有色样品预处理后样品中氰化物（以CN^-计）的含量按下式计算：

$$X=\frac{m\times 50\times 1000}{V\times 2\times 1000}$$

式中 X——样品中氰化物含量（以CN^-计），mg/L；

m——测定用样品馏出液中氰化物的质量，μg；

50，2，1000——换算系数；

V——样品体积，mL。

计算结果保留两位有效数字。

六、精密度

在重复性条件下获得的两次独立测定结果的绝对差值不得超过算术平均值的10%。

任务单

一、任务要求

采用分光光度法完成样品中氰化物含量的测定，掌握样品制备方法，会进行标准溶液、标准使用液的配制，能规范熟练操作可见分光光度计，能利用分光光度计对样品及标准溶液中氰化物进行检测，能准确计算样品中氰化物的含量。

二、任务实施

（一）分组讨论，制订工作方案、确定人员分工

填写方案设计表（附表1）。

（二）试剂配制、仪器设备的准备

1.试剂配制

填写试剂配制表（附表2）。

2.仪器设备

填写所需仪器设备统计表（附表3）。

（三）实验操作

按照资料单中的分析步骤操作。

（四）填写原始数据

水果蒸馏酒中氰化物含量的检测原始数据记录单

样品名称				样品编号				样品体积（mL）				
检测地点				检测项目				检测依据				
仪器名称				室温（℃）				相对湿度RH（%）				
分析数据	序号	1	2	3	4	5	6	7	8	9	样1	样2
	体积（mL）											
	质量（μg）											
	吸光度											

续表

计算公式	
样品中氰化物含量（mg/L）	注：结果保留2位有效数字
安全评价结果	
检验人：	校核人：

三、考核评价

水果蒸馏酒中氰化物的测定（分光光度法）考核评分标准

技能操作二 果蔬加工环境空气中细菌总数的测定（自然沉降法）

资料单

一、原理

空气中的细菌自然沉降到营养琼脂培养基上，经培养后计算培养基上的菌落总数，得到空气中的细菌总数。

本操作参考GB/T 18204.3—2013《公共场所卫生检验方法　第3部分：空气微生物》。

二、试剂和材料

平板计数琼脂（plate count agar，PCA）培养基：称取胰蛋白胨 5.0g、酵母浸膏 2.5g、葡萄糖 1.0g、琼脂 15.0g，加于1000mL蒸馏水中，煮沸溶解，调节pH至7.0 ± 0.2。分装于锥形瓶中，121℃高压灭菌15min。

三、仪器和设备

（1）恒温培养箱：36℃ ± 1℃。
（2）冰箱：2 ~ 5℃ 。
（3）恒温水浴箱：46℃ ± 1℃。
（4）天平：感量为 0.1g。
（5）无菌锥形瓶：容量 250mL。
（6）无菌培养皿：直径 90 mm。
（7）pH计或 pH 比色管或精密 pH 试纸。
（8）采样支架。
（9）放大镜或（和）菌落计数器。

四、分析步骤

1.采样前

（1）将10~20mL冷却至46℃的平板计数琼脂培养基（可放置于46℃ ± 1℃恒温水浴箱中保温）倾注平皿。

（2）待琼脂凝固后，将营养琼脂培养基平板翻转，置于36℃ ± 1℃培养24h，取出检查有无污染，将污染培养基剔除。

2.采样

（1）采样布点要求　室内面积不足50m^{2}的设置3个采样点，50m^{2}以上的设置5个采用点。采样点按均匀布点原则布置，室内3个采用点的设置在室内对角线四等分的3个等分点上，5个采用点的按东西南北中布点。采样点距离墙壁不小于1m。采样点应避开通风口、通风道等。

（2）采用环境条件　采样时关闭门窗15~30min，记录室内人员数量、温湿度与天气状况等。

（3）采样方法　将含营养琼脂培养基的平板置于采样点处的采样支架上（距离地面高度1.2~1.5m），打开皿盖（90%以上面积打开），暴露5min。

3.检验

将采集细菌后的营养琼脂培养皿置于36℃ ± 1℃培养48h，进行菌落计数。可用肉眼观察，必要时用放大镜或菌落计数器，记录每个平皿的菌落数。若培养皿上有2个或2个以上的菌落重叠，可分辨时仍以2个或2个以上菌落计数。

五、结果分析

计数每块平板上生长的菌落数，求出全部采样点的平均菌落数，结果以每平皿菌落数（CFU/皿）计。

任务单

一、任务要求

采用自然沉降法完成空气中细菌总数的测定，掌握采样方法，会进行营养琼脂培养基的配制，能计数菌落总数，能准确计算空气中的细菌总数。

二、任务实施

（一）分组讨论，制订工作方案、确定人员分工

填写方案设计表（附表1）。

（二）试剂配制、仪器设备的准备

1.试剂配制

填写试剂配制表（附表2）。

2.仪器设备

填写所需仪器设备统计表（附表3）。

（三）实验操作

按照资料单中的分析步骤操作。

（四）填写原始数据

空气中细菌总数测定原始数据记录单

<table>
<tr><td>采样地点</td><td colspan="2"></td><td>测定依据</td><td colspan="2"></td></tr>
<tr><td>室温（℃）</td><td></td><td>相对湿度
RH（%）</td><td></td><td>天气状况</td><td></td></tr>
</table>

续表

测定数据	培养皿	1	2	3	4	5	平均
	菌落数（CFU/皿）						
安全评价结果							
检验人:			校核人:				

三、考核评价

果蔬加工环境空气中细菌总数的测定（自然沉降法）考核评分标准

果蔬加工安全评价知识点在线测试

果蔬片加工仿真

NFC 果汁加工仿真

考核项目六
饮料加工安全评价

技能操作一 饮料中总酸检验（酸碱滴定法和pH电位法）

资料单

一、原理

饮料中总酸含量的检验方法有酸碱滴定法和pH电位法。

本操作参考GB/T 12456—2021《食品中总酸的测定》和GB 7101—2015《食品安全国家标准 饮料》。

1.酸碱滴定法

根据酸碱中和原理，用碱液滴定样品中的酸，以酚酞为指示剂确定滴定终点。按碱液的消耗量计算样品中的总酸含量。

2.pH电位法

根据酸碱中和原理，用碱液滴定样品中的酸，溶液的电位发生“突跃”时，即为滴定终点。按碱液的消耗量计算样品中的总酸含量。

二、试剂和材料

除非另作规定，本操作所用试剂均为分析纯。水为GB/T 6682—2008规定的二级水或去离子水，使用前应经煮沸、冷却。

（1）氢氧化钠标准滴定溶液（0.1mol/L）：按GB/T 601—2016配制与标定。

（2）氢氧化钠标准滴定溶液（0.01mol/L）：量取100mL 0.1mol/L氢氧化钠标准滴定溶液稀释到1000mL（用时当天稀释）。

（3）氢氧化钠标准滴定溶液（0.05mol/L）：量取100mL 0.1mol/L氢氧化钠标准滴定溶液稀释到200mL（用时当天稀释）。

（4）酚酞溶液（1%）：称取1g酚酞，溶于60mL 95%乙醇中，用水稀释至100mL。

（5）蒸馏水（无CO_2）：将水煮沸15min，逐出CO_2冷却，密闭。

（6）缓冲溶液（pH 8.0）。

（7）盐酸标准滴定溶液（0.1mol/L）：按GB/T 601—2016配制与标定。

（8）盐酸标准滴定溶液（0.05mol/L）：按GB/T 601—2016配制与标定。

（9）氢氧化钠标准滴定溶液（0.1mol/L）：按GB/T 601—2016配制与标定。

三、仪器和设备

（1）组织捣碎机。
（2）研钵。
（3）冷凝管。
（4）水浴锅。
（5）酸度计：精度 ± 0.1（pH）。
（6）玻璃电极和饱和甘汞电极或复合电极。
（7）电磁搅拌器（带磁性搅拌棒）。
（8）组织捣碎机。

四、分析步骤

（一）酸碱滴定法

1.样品的制备

（1）无CO_2的液体样品　充分混合均匀，置于密闭玻璃容器内。

（2）含CO_2的液体样品　至少取200g充分混匀的样品于500mL烧杯中，置于电炉上，边搅拌边加热至微沸腾，取出自然冷却至室温，称量，用煮沸过的蒸馏水补充至煮沸前的质量，置于密闭玻璃容器内冷却后备用。

（3）固液掺杂样品　按样品的固体、液体比例至少取200g，用研钵研碎，或用组织捣碎机捣碎，混匀后置于密闭玻璃容器内。

2.样液的制备

（1）总酸含量≤4g/kg的样品　将样品用快速滤纸过滤。收集滤液，用于测定。

（2）总酸含量>4g/kg的样品　称取10～50g样品，精确至0.001g，置于100mL烧杯中。用约80℃煮沸过的水将烧杯中的内容物转移到250mL容量瓶中（总体积约150mL），置于沸水浴中煮沸30min（摇动2～3次，使样品中的有机酸全部溶解于溶液中），取出，冷却至室温，用煮沸过的水定容至250mL，用快速滤纸过滤，收集滤液，用于测定。

3.样液的测定

称取25.000～50.000g（或量取25.00～50.00mL）处理好的样液，使之含0.035～0.070g 酸，置于250mL三角瓶中。加40～60mL水及0.2mL 1%酚酞指示剂，用0.1mol/L氢氧化钠标准滴定溶液（如样品酸度较低，可用0.01mol/L或0.05mol/L氢氧化钠标准滴定溶液）滴定至微红色30s不褪色。记录消耗0.1mol/L氢氧化钠标准滴定溶液的体积（V_1）。

同一被测样品应测定两次。

4.空白实验

用水代替样液，按样液的测定步骤操作，记录消耗0.1mol/L氢氧化钠标准滴定溶液的体积（V_0）。

5.注意事项

（1）本方法适合于各类浅色饮料中总酸度的测定，不适用于有颜色或浑浊不透明的饮料。

（2）若样液有颜色，则在滴定前用与样液同体积的无CO_2蒸馏水稀释或采用实验滴定法，即对有色样液，用适量无CO_2蒸馏水稀释，并按100mL样液加入0.3mL酚酞的比例加入酚酞指示剂，用氯氧化钠标准滴定溶液滴定近终点时，取此溶液2~3mL移入盛有20mL无CO_2的蒸馏水中（此时，样液颜色相当浅，易观察酚酞的颜色），若滴定还没有达到终点时，将特别稀释的样液倒回原样液中，继续滴定直至终点出现为止。用这种在小烧杯中特别稀释的办法，能观察到滴定过程中酚酞颜色的细微差别。

若样液颜色过深或浑浊，则宜用电位滴定法。

（3）样品浸渍、稀释用蒸馏水不能含有CO_2，因为CO_2溶于水会生成弱酸性的H_2CO_3，影响滴定终点时酚酞颜色的变化。

（4）样液稀释的用水量应根据样品中总酸含量慎重选择，为使误差不超过允许范围，一般要求滴定时消耗0.1mol/L氢氧化钠标准滴定溶液不得少于5mL，最好在10~15mL。

（5）样品中的CO_2对测定也有干扰，故对含有CO_2的饮料、啤酒等样品在测定之前须除去CO_2。

（二）pH电位法

1.样品的预处理

同酸碱滴定法。

2.样液的测定

称取20.000~50.000g（或量取25.00~50.00mL）制备好的样液，使之含0.035~0.070g酸，置于150mL烧杯中，加40~60mL水。将酸度计电源接通，预热并用标准缓冲溶液校正。将盛有样液的烧杯放到电磁搅拌器上，电极插入待测溶液中，按下pH按钮，开动搅拌器，迅速用0.1mol/L氢氧化钠标准滴定溶液（如样品酸度较低，可用0.01mol/L或0.05mol/L氢氧化钠标准滴定溶液）滴定至pH 8.3 ± 0.1达到终点，记录消耗氢氧化钠标准滴定溶液的体积（V_1）。

同一被测样品应测定两次。

3.空白实验

用水代替样液做空白实验，记录消耗的氢氧化钠标准滴定溶液的体积（V_0）。

五、结果分析

饮料中总酸的含量按下式进行计算：

$$X = \frac{c(V_1 - V_0) \times k \times F}{m} \times 100$$

式中 X——样品中总酸度，g/100g或g/100mL；

c——氢氧化钠标准滴定溶液的浓度，mol/L；

V_1——滴定样液时消耗氢氧化钠标准滴定溶液的体积，mL；

V_0——空白实验时消耗氢氧化钠标准滴定溶液的体积，mL；

F——样液的稀释倍数；

m——样品的质量（或体积），g（或mL）；

k——酸的换算系数，即1 mmol NaOH所相当于主要酸的质量，g［苹果酸为0.067；酒石酸为0.075；乙酸为0.060；草酸为0.045；乳酸为0.090；柠檬酸为0.064；柠檬酸（含1分子结晶水）为0.070；盐酸为0.036；磷酸为0.049］。

结果精确到小数点后两位。

六、精密度

在重复性条件下获得的两次独立测定结果的绝对差值不得超过算术平均值的2 %。

任务单

一、任务要求

采用酸碱滴定法和pH电位法测定饮料中总酸含量，掌握样品预处理、样品检方法，会进行标准溶液的配制，能规范熟练使用酸碱滴定管和酸度计，能利用酸碱滴定管和酸度计对样品中总酸进行检测，能准确计算样品中总酸的含量。

二、任务实施

（一）分组讨论，制订工作方案、确定人员分工

填写方案设计表（附表1）。

（二）试剂配制、仪器设备的准备

1.试剂配制

填写试剂配制表（附表2）。

2.仪器设备

填写所需仪器设备统计表（附表3）。

（三）实验操作

按照资料中分析步骤操作。

（四）填写原始数据

饮料中总酸含量的检测原始数据记录单

<table>
<tr><td>样品名称</td><td colspan="3"></td><td colspan="3">样品编号</td><td colspan="2"></td><td colspan="2">样品质量（g）</td><td colspan="2"></td></tr>
<tr><td>检测地点</td><td colspan="3"></td><td colspan="3">检测项目</td><td colspan="2"></td><td colspan="2">检测依据</td><td colspan="2"></td></tr>
<tr><td>仪器名称</td><td colspan="3"></td><td colspan="3">室温（℃）</td><td colspan="2"></td><td colspan="2">相对湿度RH（%）</td><td colspan="2"></td></tr>
<tr><td rowspan="5">分析数据</td><td>序号</td><td>1</td><td>2</td><td>3</td><td>4</td><td>5</td><td>6</td><td>7</td><td>8</td><td>9</td><td>样1</td><td>样2</td></tr>
<tr><td>c（mol/L）</td><td></td><td></td><td></td><td></td><td></td><td></td><td></td><td></td><td></td><td></td><td></td></tr>
<tr><td>m（g）</td><td></td><td></td><td></td><td></td><td></td><td></td><td></td><td></td><td></td><td></td><td></td></tr>
<tr><td>V_1（mL）</td><td></td><td></td><td></td><td></td><td></td><td></td><td></td><td></td><td></td><td></td><td></td></tr>
<tr><td>V_0（mL）</td><td></td><td></td><td></td><td></td><td></td><td></td><td></td><td></td><td></td><td></td><td></td></tr>
<tr><td>计算公式</td><td colspan="12"></td></tr>
<tr><td>样品中总酸含量（g/100g或g/100mL）</td><td colspan="12">注：结果保留2位有效数字</td></tr>
<tr><td>安全评价结果</td><td colspan="12"></td></tr>
<tr><td colspan="6">检验人：</td><td colspan="7">校核人：</td></tr>
</table>

三、考核评价

饮料中总酸检验（酸碱滴定法和pH电位法）考核评分标准

技能操作二　饮料中抗坏血酸检测（荧光法）

资料单

一、原理

样品中L（+）–抗坏血酸经活性炭氧化为L（+）–脱氢抗坏血酸后，与邻苯二胺（OPDA）反应生成有荧光的喹唔啉，其荧光强度与L（+）–抗坏血酸的浓度在一定条件下成正比，以此测定样品中L（+）–抗坏血酸总量。

L（+）–脱氢抗坏血酸与硼酸可形成复合物而不与OPDA反应，以此排除样品中荧光杂质产生的干扰。

本操作参考GB/T 5009.86—2016《食品安全国家标准　食品中抗坏血酸的测定》。

二、试剂和材料

除非另作规定，本操作所用试剂均为分析纯。水为GB/T 6682—2008规定的三级水。

（1）偏磷酸（$(HPO_3)_n$）：含量（以HPO_3计）≥38 %。

（2）冰乙酸（CH_3COOH）：浓度约为30 %。

（3）硫酸（H_2SO_4）：浓度约为98 %。

（4）乙酸钠（CH_3COONa）。

（5）硼酸（H_3BO_3）。

（6）邻苯二胺（$C_6H_8N_2$）。

（7）百里酚蓝（$C_{27}H_{30}O_5S$）。

（8）活性炭粉。

（9）L（+）–抗坏血酸标准品（$C_6H_8O_6$）：纯度≥99 %。

（10）偏磷酸–乙酸溶液：称取15g偏磷酸，加入40mL冰乙酸及250mL水，加温，搅拌，使之逐渐溶解，冷却后加水至500mL，置于4℃冰箱中可保存7～10d。

（11）硫酸溶液（0.15mol/L）：取8.3mL硫酸，小心加入水中，再加水稀释至1000mL。

（12）偏磷酸–乙酸–硫酸液：称取15g偏磷酸，加入40mL冰乙酸，滴加0.15mol/L硫酸溶液至溶解，冷却后加0.15mol/L硫酸液至500mL。

（13）乙酸钠溶液（500g/L）：称取500g乙酸钠，加水至1000mL。

（14）硼酸–乙酸钠溶液：称取3g硼酸，用500g/L乙酸钠溶液溶解并稀释至100mL，临用时配制。

（15）邻苯二胺溶液（200mg/L）：称取20mg邻苯二胺，用水溶解并稀释至100mL，临用时配制。

（16）酸性活性炭：称取约200g活性炭粉（75~177μm），加入1L盐酸（1+9）中，加热回流1～2h，过滤，用水洗至滤液中无铁离子为止，置于110～120℃烘箱中干燥，备用。

（17）百里酚蓝指示剂溶液（0.04mg/mL）：称取0.1g百里酚蓝，加0.02mol/L氢氧化钠溶液约10.75mL，在玻璃研钵中研磨至溶解，用水稀释至250mL。（变色范围：pH=1.2时呈红色；pH=2.8时呈黄色；pH>4时呈蓝色。）

（18）抗坏血酸标准储备溶液（1.000mg/mL）：准确称取L（+）–抗坏血酸0.05g（精确至0.01mg），用偏磷酸–乙酸溶液溶解并稀释至50mL，该储备液在2～8℃避光条件下可保存一周。

（19）抗坏血酸标准使用液（100.0μg/mL）：准确吸取L（+）–抗坏血酸标准储备溶液10mL，用偏磷酸–乙酸液稀释至100mL，临用时配制。

三、仪器和设备

（1）荧光分光光度计：具有激发波长338 nm及发射波长420nm，配有1cm比色皿。

（2）捣碎机。

四、分析步骤

整个检测过程应在避光条件下进行。

1.样液的制备

称取100g鲜样（精确至0.1g），加入100mL偏磷酸–乙酸溶液，倒入捣碎机内打成匀浆，用百里酚蓝指示剂调试匀浆酸碱度，如呈红色，即称取适量匀浆用偏磷酸–乙酸溶液稀释；如呈黄色或蓝色，则称取适量匀浆用偏磷酸–乙酸–硫酸溶液稀释，使其pH为1.2。匀浆的取用量需根据样品中抗坏血酸的含量而定，当含量在40～100μg/mL，一般取20g（精确至0.01g）匀浆，用相应溶液稀释至100mL，过滤，滤液备用。

2.测定

（1）氧化处理：分别准确吸取50mL样品滤液及抗坏血酸标准工作液于200mL具塞锥形瓶中，加入2g活性炭，用力振摇1min，过滤，弃去最初数毫升滤液，分别收集其余全部滤液，即为样品氧化液和标准氧化液，待测定。

（2）分别准确吸取10mL样品氧化液于两个100mL容量瓶中，作为“样品液”及“样品空白液”。

（3）分别准确吸取10mL标准氧化液于两个100mL容量瓶中，作为“标准液”及“标准空白液”。

（4）于“标准空白液”及“样品空白液”中各加5mL硼酸–乙酸钠溶液，混合摇动15min，用水稀释至100mL，在4℃冰箱中放置2～3h，取出待测。

（5）于“样品液”及“标准液”中各加5mL 500g/L乙酸钠溶液，用水稀释至100mL，待测。

3.标准曲线的绘制

准确吸取上述“标准液”［L（+）–抗坏血酸含量10μg/mL］0.5，1.0，1.5，2.0mL，分别置于10mL具塞刻度试管中，用水补充至2.0mL。另准确吸取“标准空白液”2mL于10mL带盖刻度试管中。在暗室迅速向各管中加入5mL邻苯二胺溶液，振摇混合，在室温下反应35min，于激发波长338 nm、发射波长420 nm 处测定荧光强度。以“标准液”系列荧光强度分别减去“标准空白液”荧光强度的差值为纵坐标，对应的L（+）–抗坏血酸含量为横坐标，绘制标准曲线，计算直线回归方程。

4.样品测定

分别准确吸取2mL“样品液”和“样品空白液”于10mL具塞刻度试管中，在暗室迅速向各管中加入5mL邻苯二胺溶液，振摇混合，在室温下反应35min，于激发波长338nm、发射波长420nm 处测定荧光强度。以“样品液”荧光强度减去“样品空白液”的荧光强度的差值于标准曲线上查得或回归方程计算测定样品溶液中L（+）–抗坏血酸总量。

5.注意事项

（1）当样品取样量为10g时，L（+）–抗坏血酸总量的检出限为0.044mg/100g，定量限为0.7mg/100g。

（2）影响荧光强度的因素很多，各次测定条件很难完全再现，因此，绘制标准曲线最好与样品的测定同时进行；若采用外标定点直接比较法定量，其结果与工作曲线法接近。

五、结果分析

样品中L（+）–抗坏血酸总量按下式计算：

$$X=\frac{cV}{m}\times F\times\frac{100}{1000}$$

式中　X——样品中L（+）–抗坏血酸总量，mg/100g；

c——由标准曲线查得或回归方程计算的进样液中L（+）–抗坏血酸的浓度，μg/mL；

V——荧光反应所用样品体积，mL；

m——实际检测样品质量，g；

F——样品溶液的稀释倍数；

100——换算系数；

1000——换算系数。

计算结果以重复性条件下获得的两次独立测定结果的算术平均值表示，结果保留三位有效数字。

六、精密度

在重复性条件下获得的两次独立测定结果的绝对差值不得超过算术平均值的10%。

任务单

一、任务要求

采用荧光法测定抗坏血酸含量，掌握样品制备、氧化处理、荧光反应方法，会进行标准系列溶液的配制，能规范熟练操作荧光分光光度仪，能利用荧光分光光度计对样品及标准溶液中抗坏血酸进行检测，能准确计算样品中抗坏血酸的含量。

二、任务实施

（一）分组讨论，制订工作方案、确定人员分工

填写方案设计表（附表1）。

（二）试剂配制、仪器设备的准备

1.试剂配制

填写试剂配制表（附表2）。

2.仪器设备

填写所需仪器设备统计表（附表3）。

（三）实验操作

按照资料单中分析步骤操作。

（四）填写原始数据

荧光法测定饮料中抗坏血酸含量的原始数据记录单

样品名称		样品编号		样品质量（g）	
检测地点		检测项目		检测依据	

续表

仪器名称				室温（℃）				相对湿度RH（%）				
分析结果	序号	1	2	3	4	5	6	7	8	9	样1	样2
	c（μg/mL）											
	V（mL）											
	m（g）											
	F											
计算公式												
样品中L（+）-抗坏血酸含量（mg/100g）	注：结果保留2位有效数字											
安全评价结果												
检验人：						校核人：						

三、考核评价

饮料中抗坏血酸检测（荧光法）考核评分标准

技能操作三　罐藏食品商业无菌检验

资料单

一、术语和定义

（1）低酸性罐藏食品　除酒精饮料以外，凡杀菌后平衡pH>4.6，A_W>0.85的罐藏食品，原来是低酸性的水果、蔬菜或蔬菜制品，为加热杀菌的需要而加酸降低pH的，属于酸化的低酸性罐藏食品。

（2）酸性罐藏食品　杀菌后平衡pH≤4.6的罐藏食品，pH<4.7的番茄、梨和菠萝以及由其制成的汁，以及pH<4.9的无花果均属于酸性罐藏食品。

本操作参考GB 4789.26—2023《食品安全国家标准　食品微生物学检验　商业无菌检验》。

二、试剂和材料

除非另作规定，本操作所用试剂均为分析纯。水为GB/T 6682—2008规定的二级水或去离子水。

（1）脱脂棉。

（2）无菌生理盐水：称取8.5g氯化钠溶于1000mL蒸馏水中，121℃高压灭菌15min。

（3）结晶紫染色液：将1.0g结晶紫完全溶解于95%乙醇中，再与1%草酸铵溶液混合。

（4）二甲苯。

（5）含 4%碘的乙醇溶液：4g碘溶于100mL的70 %乙醇溶液。

三、仪器和设备

除微生物实验室常规灭菌及培养设备外，其他设备和材料如下。

（1）冰箱：2～5℃。

（2）恒温培养箱：30℃±1℃；36℃±1℃；55℃±1℃。

（3）恒温水浴箱：55℃±1℃。

（4）均质器及无菌均质袋、均质杯或乳钵。

（5）电位pH计（精确度pH 0.05单位）。

（6）显微镜：10～100倍。

（7）开罐器和罐头打孔器。

（8）电子秤或台式天平。

（9）超净工作台或百级洁净实验室。

四、分析步骤

1.样品准备

去除表面标签，在包装容器表面用防水的油性记号笔做好标记，并记录容器、编号、产品性状、泄漏情况、是否有小孔或锈蚀、压痕、膨胀及其他异常情况。

2.称重

1kg及以下的包装物精确到1g，1kg以上的包装物精确到2g，10kg以上的包装物精确到 10g，并记录。

3.保温

（1）每个批次取1个样品置于2～5℃冰箱中保存作为对照，将其余样品在36℃±1℃

下保温10d，保温过程中应每天检查，如有膨胀或泄漏现象，应立即取出，开启检查。

（2）保温结束时，再次称重并记录，比较保温前后样品重量有无变化，如有变轻，表明样品发生泄漏。将所有包装物置于室温下直至开启检查。

4.开启

（1）如有膨胀的样品，则将样品先置于2～5℃冰箱内冷藏数小时后开启。

（2）如需用冷水和洗涤剂清洗待检样品的光滑面，用水冲洗后用无菌毛巾擦干，以含4%碘的乙醇溶液浸泡消毒光滑面15min后用无菌毛巾擦干，在密闭罩内点燃至表面残余的碘乙醇溶液全部燃烧完。膨胀样品以及采用易燃包装材料包装的样品不能灼烧，以含4%碘的乙醇溶液浸泡消毒光滑面30min后用无菌毛巾擦干。

（3）在超净工作台或百级洁净实验室中开启样品。带汤汁的样品在开启前应适当振摇。使用无菌开罐器在消毒后的罐头光滑面开启一个适当大小的口，开罐时不得伤及罐头的卷边结构，每一个罐头单独使用一个开罐器，不得交叉使用。如样品为软包装，可以使用灭菌剪刀开启，不得损坏其包装接口处。开启样品后立即在开口上方嗅闻气味，并记录。

（4）严重膨胀样品可能会发生爆炸，喷出有毒物。可以采取在膨胀样品上盖一条灭菌毛巾或者用一个无菌漏斗倒扣在样品上等预防措施来防止这类危险的发生。

5.留样

开启后，用灭菌吸管或其他适当工具以无菌操作取出内容物至少30mL（g）于灭菌容器内，保存于2～5℃冰箱的中，在需要时可用于进一步实验，待该批样品得出检验结论后可弃去。开启后的样品可进行适当的保存，以备日后容器检查时使用。

6.感官检查

在光线充足、空气清洁无异味的检验室中，将样品内容物倾入白色搪瓷盘内，对产品的组织、形态、色泽和气味等进行观察和嗅闻，按压食品检查产品性状，鉴别食品有无腐败变质的迹象，同时观察包装容器内部和外部的情况，并记录。

7.pH测定

（1）样品处理　液态制品混匀备用，既有固相又有液相的制品则取混匀的液相部分备用。对于稠厚或半稠厚制品以及难以从中分出汁液的制品（如糖浆、果酱、果冻、油脂等），取一部分在均质器或研钵中研磨，如果研磨后的样品仍太稠厚，加入等量的无菌蒸馏水，混匀备用。

（2）测定　将电极插入被测样品液中，并将pH计的温度校正器调节到被测液的温度。如果仪器没有温度校正系统，被测液的温度应调到20℃±2℃，采用适合于所用pH计的步骤进行测定。当读数稳定后，从仪器的标度上直接读出pH，精确到0.05pH单位。

同一个样品至少进行两次测定。两次测定结果之差应不超过0.1 pH单位。取两次测定的算术平均值作为结果，报告精确到0.05pH单位。

（3）分析结果　与同批中冷藏保存对照样品比较是否有显著差异，pH相差0.5及以上判为显著差异。

8.涂片染色镜检

（1）涂片 取样品内容物进行涂片。带汤汁的样品可用接种环挑取汤汁涂于载玻片上，固态食品可直接涂片或用少量灭菌生理盐水稀释后涂片，待干后用火焰固定。油脂性食品涂片自然干燥并火焰固定后，用二甲苯流洗再自然干燥。

（2）染色镜检 对涂片用结晶紫染色液进行单染色，干燥后镜检，至少观察5个视野，记录菌体的形态特征以及每个视野的菌数。与同批冷藏保存的对照样品相比，判断是否有明显的微生物增殖现象。菌数有百倍或百倍以上的增长则判为明显增殖。

五、结果分析

（1）样品经保温实验未出现泄漏 保温后开启样品，经感官检验、pH测定、涂片镜检，确证无微生物增殖现象，则可报告该样品为商业无菌。

（2）样品经保温实验出现泄漏 保温后开启样品，经感官检验、pH测定、涂片镜检，确证有微生物增殖现象，则可报告该样品为非商业无菌。

（3）核查样品出现膨胀、pH或感官异常、微生物增殖等 取样品内容物的留样依据GB 4789.26—2013附录B进行接种培养并报告。若需判定样品包装容器是否出现泄漏，可取开启后的样品依据GB 4789.26—2013附录B进行密封性检查并报告。

任务单

一、任务要求

掌握罐藏食品商业无菌检验方法，能熟练进行罐藏食品商业无菌检验。

二、任务实施

（一）分组讨论，制订工作方案、确定人员分工

填写方案设计表（附表1）。

（二）试剂配制、仪器设备的准备

1.试剂配制

填写试剂配制表（附表2）。

2.仪器设备

填写所需仪器设备统计表（附表3）。

（三）实验操作

按照资料单中分析步骤操作。

（四）填写原始数据

罐藏食品商业无菌检验原始数据记录单

样品名称			样品编号		样品质量（g）	
检测地点			检测项目		检测依据	
仪器名称			室温（℃）		相对湿度RH(%)	
分析数据	序号	1		2	pH算术平均值	
	样1					
	样2					
	样3					
安全评价结果						
检验人：			校核人：			

饮料中可溶性固形物的检测原始数据记录单

样品名称			样品编号		样品质量（g）	
检测地点			检测项目		检测依据	
仪器名称			室温（℃）		相对湿度RH（%）	
分析数据	序号	1	2	算术平均值	绝对差值	绝对差值/算术平均值
	样1					
	样2					
	样3					

续表

样品可溶性固形物质量分数	注：结果保留2位有效数字
安全评价结果	
检验人：	校核人：

三、考核评价

罐藏食品商业无菌检验考核评分标准

饮料加工安全评价知识点在线测试

葡萄酒酿造仿真

考核项目七 水产品加工安全评价

技能操作一 水产制品中挥发性盐基氮（TVB-N）测定

资料单

一、原理

挥发性盐基氮是动物性食品由于酶和细菌的作用，在腐败过程中，使蛋白质分解而产生的氨以及胺类等碱性含氮物质。挥发性盐基氮可在恒温37℃的碱性溶液中释出，挥发后以硼酸吸收液吸收，再用酸标准溶液滴定，根据消耗酸数量换算为挥发性盐基氮含量。

本操作参考GB 5009.228—2016《食品安全国家标准 食品中挥发性盐基氮的测定》。

二、试剂和材料

除非另作说明，本操作所用试剂均为分析纯，水为GB/T 6682—2008规定的三级水。

（1）硼酸（H_3BO_3）。

（2）盐酸（HCl）或硫酸（H_2SO_4）。

（3）碳酸钾（K_2CO_3）。

（4）阿拉伯胶。

（5）甘油（$C_3H_8O_3$）。

（6）甲基红指示剂（$C_{15}H_{15}N_3O_2$）。

（7）溴甲酚绿指示剂（$C_{21}H_{14}Br_4O_5S$）或亚甲基蓝指示剂（$C_{16}H_{18}ClN_3S \cdot 3H_2O$）。

（8）95%乙醇（C_2H_5OH）。

（9）硼酸溶液（20g/L）：称取20g硼酸，加水溶解后并稀释至1000mL。

（10）盐酸标准滴定溶液（0.0100mol/L）或硫酸标准滴定溶液（0.0100mol/L）：临用前以盐酸标准滴定溶液（0.1000mol/L）或硫酸标准滴定溶液（0.1000mol/L）配制。

（11）饱和碳酸钾溶液：称取50g碳酸钾，加50mL水，微加热助溶，使用上清液。

（12）水溶性胶：称取10g阿拉伯胶，加10mL水，再加5mL甘油及5g碳酸钾，研匀。

（13）甲基红乙醇溶液（1g/L）：称取0.1g甲基红，溶于95%乙醇，用95%乙醇稀释至100mL。

（14）溴甲酚绿乙醇溶液（1g/L）：称取0.1g溴甲酚绿，溶于95%乙醇，用95%乙醇稀释至100mL。

（15）亚甲基蓝乙醇溶液（1g/L）：称取0.1g亚甲基蓝，溶于95%乙醇，用95%乙醇稀释至100mL。

（16）混合指示剂：1份甲基红乙醇溶液与5份溴甲酚绿乙醇溶液临用时混合，也可用2份甲基红乙醇溶液与1份亚甲基蓝乙醇溶液临用时混合。

三、仪器和设备

（1）天平：感量为1mg。

（2）搅拌机。

（3）具塞锥形瓶：300mL。

（4）吸量管：1.0，10.0，25.0，50.0mL。

（5）扩散皿（标准型）：玻璃质，有内外室，带磨砂玻璃盖。

（6）恒温箱：37℃ ±1℃ 。

（7）微量滴定管：10mL，最小分度0.01mL。

四、分析步骤

1.样品处理

水产品去除外壳、皮、头部、内脏、骨刺，取可食部分，绞碎搅匀。（本步骤由考核组统一在考前完成。）

准确称取样品20g，置于具塞锥形瓶中，准确加入100.0mL水，振摇，样品在样液中分散均匀，浸渍30min后过滤，滤液应及时使用，不能及时使用的滤液置于冰箱内0~4℃冷藏备用。

2.测定

将水溶性胶涂于扩散皿的边缘，在扩散皿中央内室加入硼酸溶液1mL及1滴混合指示剂。在扩散皿外室准确加入滤液1.0mL，盖上磨砂玻璃盖，磨砂玻璃盖的凹口开口处与扩散皿边缘仅留能插入移液器枪头或滴管的缝隙，透过磨砂玻璃盖观察水溶性胶密封是否严密，如有密封不严处，需重新涂抹水溶性胶。

然后从缝隙处快速加入1mL饱和碳酸钾溶液，立刻平推磨砂玻璃盖，将扩散皿盖严密，于桌子上以圆周运动方式轻轻转动，使样液和饱和碳酸钾溶液充分混合，然后于37℃ ± 1℃ 温箱内放置2h，放凉至室温，揭去盖，用盐酸或硫酸标准滴定溶液（0.0100mol/L）滴定，使用1份甲基红乙醇溶液与5份溴甲酚绿乙醇溶液混合的指示剂，终点颜色至紫红色；使用2份甲基红乙醇溶液与1份亚甲基蓝乙醇溶液混合的指示剂，终点颜色至蓝紫色，同时做空白实验。指示液二选一即可。

五、结果分析

样品中挥发性盐基氮（TVB-N）含量按下式计算：

$$X = \frac{(V_1 - V_2) \times c \times 14}{m \times (V/V_0)} \times 100$$

式中 X——样品中挥发性盐基氮的含量，mg/100g或mg/100mL；

V_1——样液消耗盐酸或硫酸标准滴定溶液的体积，mL；

V_2——空白实验消耗盐酸或硫酸标准滴定溶液的体积，mL；

c——盐酸或硫酸标准滴定溶液的浓度，mol/L；

14——滴定1.0mL盐酸［c（HCl）=1.000mol/L］或硫酸［c（$1/2H_2SO_4$）=1.000mol/L］标准滴定溶液相当的氮的质量，g/mol；

m——样品质量（或样品体积），g（或mL）；

V——准确吸取的滤液体积（本方法中V=1mL），mL；

V_0——样液总体积（本方法中V_0=100mL），mL；

100——计算结果单位换算为mg/100g或mg/100mL的换算系数。

实验结果以重复性条件下获得的两次独立测定结果的算术平均值表示，结果保留三位有效数字。

六、精密度

在重复性条件下获得的两次独立测定结果的绝对差值不得超过算术平均值的10%。

七、检出限

当称样量为20.0g时，检出限为1.75mg/100g。

任务单

一、任务要求

学会测量挥发性盐基氮（TVB-N）的含量，学会鱼样品的制备、捣碎或匀浆；了解混合指示剂的配制；掌握电子天平、提取与过滤方法、滴定终点的正确判断；能规范操作恒温箱、扩散皿、微量滴定管。

二、任务实施

（一）分组讨论，制订工作方案、确定人员分工

填写方案设计表（附表1）。

（二）试剂配制、仪器设备的准备

1.试剂配制

填写试剂配制表（附表2）。

2.仪器设备

填写所需仪器设备统计表（附表3）。

（三）实验操作

按照资料单中分析步骤操作。

（四）填写原始数据

水产制品中挥发性盐基氮（TVB-N）检测原始数据记录单

<table>
<tr><td>样品名称</td><td></td><td>样品编号</td><td></td><td>样品质量（g）</td><td></td></tr>
<tr><td>检测地点</td><td></td><td>检测项目</td><td></td><td>检测依据</td><td>GB 5009.228—2016</td></tr>
<tr><td>仪器名称</td><td></td><td>室温（℃）</td><td></td><td>盐酸浓度（mol/L）</td><td></td></tr>
<tr><td rowspan="2">分析数据</td><td>序号</td><td>样品1</td><td>样品2</td><td colspan="2">空白</td></tr>
<tr><td>消耗酸体积（mL）</td><td></td><td></td><td colspan="2"></td></tr>
<tr><td>计算公式</td><td colspan="5"></td></tr>
<tr><td>样品pH的平均值</td><td colspan="5">注：结果保留2位有效数字</td></tr>
<tr><td>安全评价结果</td><td colspan="5"></td></tr>
</table>

检验人：　　　　　　　　校核人：

三、考核评价

水产制品中挥发性盐基氮（TVB-N）测定考核评分标准

技能操作二　pH计测定鱼的pH

资料单

一、原理

利用玻璃电极作为指示电极，甘汞电极或银-氯化银电极作为参比电极，当样品或样品溶液中氢离子浓度发生变化时，指示电极和参比电极之间的电位差也随之发生变化，通过测量电位差，可达到测量pH的目的。

在校正pH计的前提下，将要测定的鱼肉样品用机械设备捣碎或匀质，准确称取碎鱼肉样品，加入刚煮沸冷却后的蒸馏水、搅拌、静置后过滤，取滤液测定pH。

本操作参考5009.237—2016《食品安全国家标准　食品pH值的测定》。

二、试剂和材料

除非另作说明，本操作所用试剂均为分析纯。水为GB/T 6682—2008规定的三级水。用于配制缓冲溶液的水应新煮沸，或用无CO_2的氮气排除CO_2。

（1）邻苯二甲酸氢钾［$KHC_6H_4(COO)_2$］。

（2）磷酸二氢钾（KH_2PO_4）。

（3）磷酸氢二钠（Na_2HPO_4）。

（4）硼砂。

（5）氢氧化钠（NaOH）。

（6）氯化钾（KCl）。

（7）碘乙酸（$C_2H_3IO_2$）。

（8）乙醚（$C_4H_{10}O$）。

（9）乙醇（C_2H_6O）。

（10）pH=4.00的缓冲溶液（20℃）：用GR邻苯二甲酸氢钾10.12g，溶解于1000mL的高纯去离子水中。

（11）pH=6.86的缓冲溶液（20℃）：用GR磷酸二氢钾3.387g，GR磷酸氢二钠3.533g，溶解于1000mL的高纯去离子水中。

（12）pH=9.18的缓冲溶液（20℃）：用GR硼砂3.80g，溶解于1000mL的高纯去离子水中；以上缓冲液一般可保存2~3月，但发现有浑浊、发霉或沉淀等现象时，不能继续使用。

（13）氢氧化钠溶液（1.0mol/L）：称取40g氢氧化钠，溶于水中，用水定容至1000mL，或使用经国家认证并授予标准物质证书的标准溶液。

（14）氯化钾溶液（0.1mol/L）：称取7.5g氯化钾，适量水溶解，用水定容至1000mL（若待测样品处在僵硬前的状态，需加入已用氢氧化钠溶液调节pH至7.0的925mg/L碘乙酸溶液，以阻止糖酵解），或使用经国家认证并授予标准物质证书的标准溶液。

三、仪器和设备

（1）温度计（共用）。

（2）机械设备：用于样品的均质化，包括高速旋转的切割机，或多孔板的孔径不超过4mm的绞肉机（共用）。

（3）pH计：准确度为0.01，带温度补偿系统。

（4）pH复合电极：由玻璃指示电极和Ag/AgCl或Hg/Hg_2Cl_2参比电极组装而成。

（5）均质器：转速可达20000r/min（共用）。

（6）磁力搅拌器。

四、分析步骤

（1）鱼样品制备：将活鱼敲晕，去除鳞、内脏、头、尾，用水清洗干净，沥干，切成2.0cm×1.0cm的鱼段，用机械设备捣碎或均质器匀浆。每份20g±1g放入保鲜袋中，贮藏温度为4℃，待进一步处理（本步骤由考核组统一在考前完成）。

（2）提取与过滤：准确称取碎鱼肉样品10.0g，加入刚煮沸冷却后的蒸馏水100.00mL，用磁力搅拌器搅拌15min，静置几分钟，过滤，滤液待用。

（3）pH计的校正：选用尽可能接近待测样品pH的pH缓冲标准溶液，用两点法校正pH计。

（4）pH的测定：取滤液测定pH，结果精确至0.05。重复测定3次，取其平均值作为该样品的结果。

（5）用脱脂棉先后蘸乙醚和乙醇擦拭电极，再用水冲洗，将复合电脑保存于装有饱和KCl的电极帽中。

五、结果分析

样品pH按下式计算：

$$pH=-\log_{10}\left(\frac{10^{-(pH_1)}+10^{-(pH_2)}+10^{-(pH_3)}}{3}\right)$$

式中　　pH——样品中测定结果的平均值；

pH_1、pH_2、pH_3——重复三次测定的结果。

结果保留2位有效数字。

六、精密度

在重复性条件下获得的两次独立测定结果的绝对差值不得超过（pH）0.1。

七、结果判断

新鲜鱼pH为6.5~6.8；次鲜鱼pH为6.9~7.0；变质鱼pH>7.1。

任务单

一、任务要求

学会以pH计法测量水产品中pH；学会鱼样品的制备、捣碎或匀浆、标准缓冲溶液的配制；掌握电子天平、提取与过滤方法；能规范进行pH计校正、pH测定、pH计日常维护，正确计算pH的平均值。

二、任务实施

（一）分组讨论，制订工作方案、确定人员分工

填写方案设计表（附表1）。

（二）试剂配制、仪器设备的准备

1.试剂配制

填写试剂配制表（附表2）。

2.仪器设备

填写所需仪器设备统计表（附表3）。

（三）实验操作

按照资料单中分析步骤操作。

（四）填写原始数据

鱼的 pH 检测原始数据记录单

样品名称		样品编号		样品质量(g)	
检测地点		检测项目		检测依据	GB 5009.237—2016
仪器名称		室温（℃）		相对湿度RH（%）	
分析数据	序号	1	2	3	
	pH				
计算公式					
样品pH的平均值	注：结果保留2位有效数字				
安全评价结果	（判断标准：新鲜鱼pH为6.5~6.8；次鲜鱼pH为6.9~7.0；变质鱼pH>7.1）				
检验人：		校核人：			

三、考核评价

pH 计测定鱼的 pH 考核评分标准

水产品加工安全评价知识点在线测试

大型水产品加工仿真

大型鱼罐头加工仿真

对虾加工工艺仿真

鱿鱼加工仿真

模块三

粮农食品安全检测与评价

通过对粮农食品中微生物、农药残留、兽药残留、添加剂及非法添加物的检测安全评价五个项目的资料单的知识学习和任务单的操作实践，了解和掌握细菌染色、分离纯化、菌落总数及大肠菌群测定，单一农药残留和畜禽类兽药残留的检测方法，以及利用分光光度法进行食品添加剂及非法添加物检测等知识和技能，能够对粮农食品安全进行初步评价与判定，引导学生合理设计实验时间，提升实验效率，培养团结合作精神、归纳总结能力及实事求是、公平公正、科学严谨的实验态度。

考核项目一 微生物检测安全评价

技能操作一 细菌的革兰氏染色、镜检与评价

资料单

一、原理

革兰氏染色法是基于细菌细胞壁特殊化学组分进行的细菌学上最常用的鉴别染色法，可将所有的细菌区分为革兰氏阳性菌（G^+）和革兰氏阴性菌（G^-）两大类。通过初染和媒染后，革兰氏阳性细菌呈现紫色，革兰氏阴性细菌呈现红色。

二、设备和材料

除微生物实验室常规灭菌及培养设备外，其他设备与材料如下。

（1）载玻片。

（2）生物显微镜：1600×。

（3）无菌吸管。

（4）酒精灯。

（5）接种环。

（6）滤纸。

三、培养基和试剂

除非另作规定，本方法所用试剂均为分析纯。水为GB/T 6682—2008规定的二级水或去离子水。

1.结晶紫染色液

（1）成分　结晶紫1g，95%乙醇20mL，1%草酸铵水溶液80mL。

（2）制法　将结晶紫溶解于乙醇中，然后与草酸铵溶液混合。

2.革兰氏碘液

（1）成分　碘1g，碘化钾2g，蒸馏水300mL。

（2）制法　将碘与碘化钾先进行混合，加入蒸馏水少许，充分振摇，待完全溶解后，再加蒸馏水至300mL。

3.沙黄复染液

（1）成分　沙黄0.25g，95%乙醇10mL，蒸馏水90mL。

（2）制法　将沙黄溶解于乙醇中，然后用蒸馏水稀释。

四、检验程序

革兰氏染色程序如图1所示。

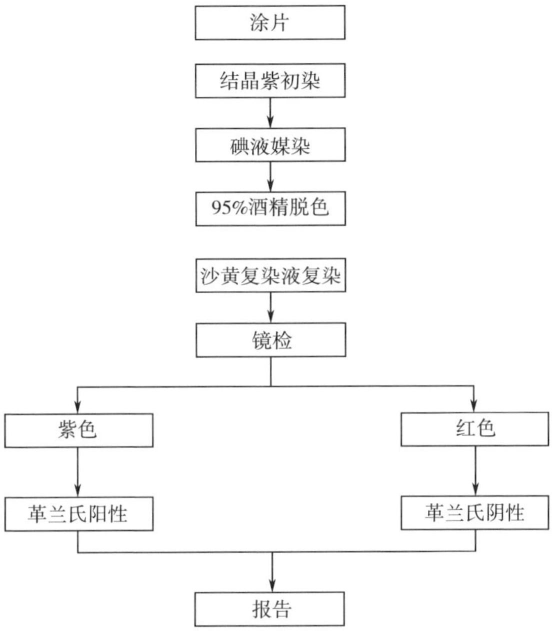

图1　革兰氏染色操作程序

五、分析步骤

1.制片

取菌种培养物常规涂片、干燥、固定。要用活跃生长期的细菌培养物做革兰氏染色；涂片不宜过厚，以免脱色不完全造成假阳性结果；火焰固定不宜过热（以玻片不烫手为宜）。

2.初染

滴加结晶紫（以刚好将菌膜覆盖为宜）染色1～2min，水洗。

3.媒染

用碘液冲去残水，并用碘液覆盖约1min，水洗。

4.脱色

用滤纸吸去玻片上的残水，将玻片倾斜，在白色背景下，用滴管流加95%的乙醇脱色，直至流出的乙醇无紫色时，立即水洗。乙醇脱色是革兰氏染色操作的关键环节，脱色不足，阴性菌被误染成阳性菌；脱色过度，阳性菌被误染成阴性菌，因而脱色时间一般为20～30s。

5.复染

用沙红液复染约2min，水洗。

6.镜检

干燥后，用油镜观察。

六、结果分析

菌体被染成紫色的是革兰氏阳性菌，被染成红色的为革兰氏阴性菌。

七、报告

根据上述分析结果，出具革兰氏染色结果报告。

任务单

一、任务要求

采用革兰氏染色法对细菌进行分类和鉴定，掌握染色液的制备、涂片制作、初染、脱色、媒染、复染、镜检等操作，能规范熟练进行涂片，能利用生物显微镜对染色后的细菌进行观察，能准确识别染色后的细菌颜色，并根据染色结果判定细菌的类型。

二、任务实施

（一）分组讨论，制订工作方案、确定人员分工

填写方案设计表（附表1）。

（二）试剂配制、仪器设备的准备

1.试剂配制

填写试剂配制表（附表2）。

2.仪器设备

填写所需仪器设备统计表（附表3）。

（三）实验操作

按照资料单中分析步骤操作。

（四）填写原始数据

革兰氏染色原始数据记录单

样品名称		样品编号		样品质量（g）	
检测地点		检测项目		检测依据	
仪器名称		室温（℃）		相对湿度RH（%）	
细菌形态图绘制					
细菌形态描述					
放大倍数、细菌颜色					
结果判定					
安全评价结果					
检验人：			校核人：		

三、考核评价

细菌的革兰氏染色、镜检与评价考核评分标准

技能操作二　细菌分离纯化技术

资料单

一、原理

将一种微生物移接到另一灭菌过的新培养基中，使其生产繁殖的过程称为接种。将某一种微生物从混杂的微生物类群中分离出来称为纯种分离。纯种分离的方法常用

的是稀释倾注平板法、稀释涂布平板法和平板划线法，这些方法都是使待分离样品中的微生物细胞以分散状态存在，让其在培养基上形成一个个纯种菌落，然后根据菌落及菌体细胞的形态特征，移种于合适的培养基上，经扩大培养后即可到纯种微生物，这一过程称为细菌分离纯化过程。

本操作参考GB 4789.28—2024《食品微生物检验　培养基与试剂的质量要求》。

二、设备和材料

除微生物实验室常规灭菌及培养设备外，其他设备与材料如下。

（1）培养箱：37℃ ± 1℃。

（2）电子天平：感量0.1g。

（3）无菌锥形瓶：容量500mL。

（4）无菌吸管：1mL（具0.01mL刻度）、10mL（具0.mL刻度）。

（5）无菌试管：18mm × 180 mm。

（6）涡旋混合器。

（7）无菌平皿：直径90 mm。

（8）恒温水浴箱：46℃ ± 1℃，两个。

（9）微量移液器及枪头：1.0mL、0.1mL。

（10）生物显微镜：1600 × 。

三、培养基和试剂

1.营养琼脂（NA）培养基

（1）成分　蛋白胨10g，牛肉膏3g，氯化钠5g，琼脂16g，蒸馏水1000mL。

（2）制法　溶解各成分于水中，必要时加热，调整pH，使培养基pH在25℃时为7.3 ± 0.2，121℃灭菌30min。

2. 0.85%的灭菌生理盐水

（1）成分　氯化钠8.5g，蒸馏水1000mL。

（2）制法　称取8.5g氯化钠溶于1000mL蒸馏水中，121℃，高压灭菌15min。

四、检验程序

1.稀释涂布平板分离法

稀释涂布平板分离法的检验程序见图1。

2.稀释倾注平板分离法

稀释倾注平板分离法的检验程序见图2。

3.平板划线分离法

平板划线分离法的检验程序见图3。

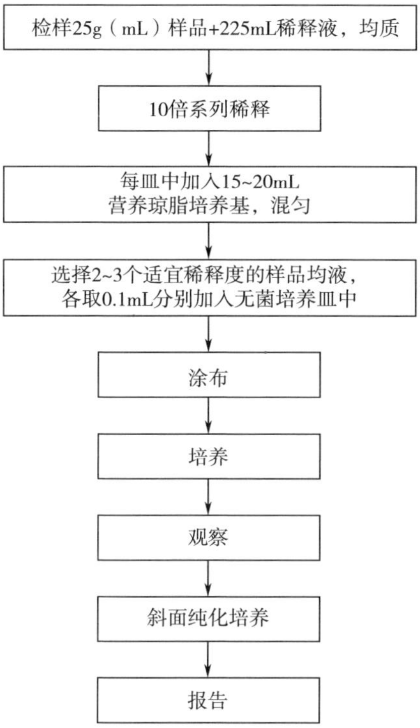

图 1　稀释涂布平板分离法检验程序图

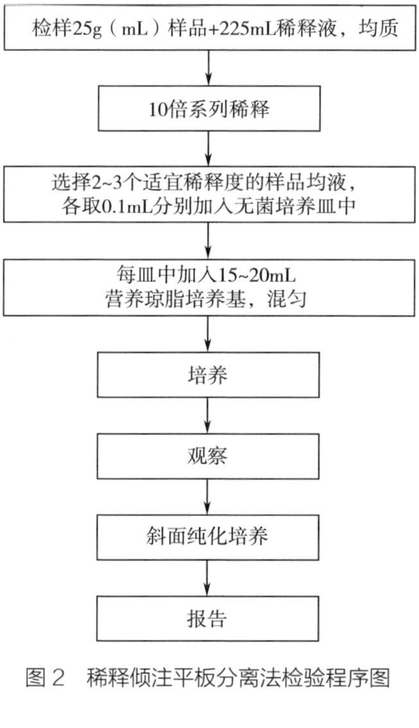

图 2　稀释倾注平板分离法检验程序图

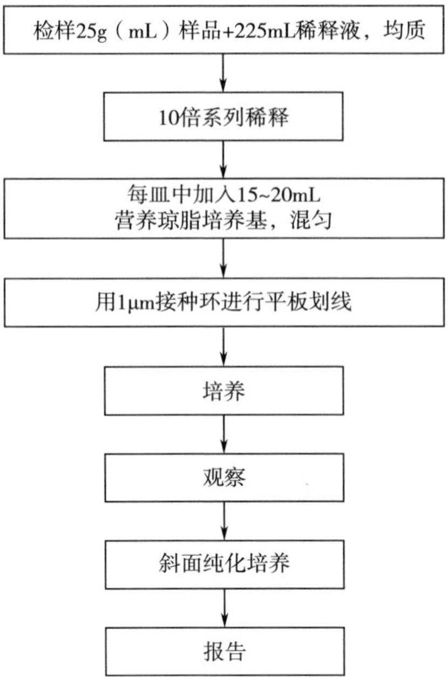

图3　平板划线分离法检验程序图

五、分析步骤

1.稀释涂布平板分离法

（1）固体和半固体样品的制样　称取25g样品置于盛有225mL磷酸盐缓冲液或生理盐水的无菌锥形瓶内，制成1：10的样品匀液。

（2）液体样品的制样　以无菌吸管吸取25mL样品置于盛有225mL磷酸盐缓冲液或生理盐水的无菌锥形瓶（瓶内预置适当数量的无菌玻璃珠）中，充分混匀，制成1：10的样品匀液。

（3）稀释　用1mL无菌吸管或微量移液器吸取1：10样品匀液1mL，沿管壁缓慢注于盛有9mL稀释液的无菌试管中（注意吸管或吸头尖端不要触及稀释液面），用涡旋混合器振摇试管或换用1支无菌吸管反复吹打使其混合均匀，制成1：100的样品匀液。

（4）梯度稀释　按步骤（3）操作，制备10倍系列稀释样品匀液。每递增稀释一次，换用1次1mL无菌吸管或吸头。

（5）倒平板　将15～20mL冷却至50℃左右的营养琼脂（NA）培养基倾注平皿，并转动平皿使其混合均匀，按同样方法制作8个平板。

（6）涂布　待步骤（5）中所制作平板培养基凝固后，选择3个适宜稀释度的样品匀液（液体样品可包括原液），每个稀释度用0.1mL的微量移液器吸头，吸取0.1mL样液，加入已凝固的平板培养基上，取玻璃涂棒在火焰上灼烧灭菌后，迅速将接种后的样液在平面上涂开。按上述方法，每个梯度制作两个平板，同时制作两个空白对照平板。

（7）培养　待上述培养基完成吸收样液后，将平板倒置，放到37℃±1℃培养箱中培养48h±2h，观察菌落生长情况。

（8）纯化培养　挑取枯草芽孢杆菌进行革兰氏染色和显微镜观察后，将菌落形态与典型枯草芽孢杆菌菌落一致的菌落，移接到斜面培养基上进行纯化培养，即得纯化枯草芽孢杆菌。

2.稀释倾注平板分离法

（1）样品的制样、稀释及梯度稀释　操作同稀释涂布平板分离纯化法的步骤（1）~步骤（4）。

（2）倾注平板　选择3个适宜稀释度的样品匀液（液体样品可包括原液），每个稀释度用0.1mL的微量移液器吸头，吸取0.1mL样液，注入培养皿中，同时，将15～20mL冷却至50℃左右的营养琼脂（NA）培养基倾注平皿，并转动平皿使其混合均匀。用同样方法，制作其他5个平板，同时制作2个空白对照平板。

（3）培养、纯化　操作同稀释涂布平板分离纯化法的步骤（7）和步骤（8）。

3.平板划线分离法

（1）样品的制备、稀释、梯度稀释及倒平板　操作同稀释涂布平板分离纯化法的步骤（1）~步骤（5）。

（2）半定量划线法接种　用1μm接种环进行平板划线如图4所示，A区用接种环按0.5cm的间隔划4条平行线，按同样的方法在B区和C区划线，最后在D区内划一条连续的曲线。同时接种两个平板，划线时可在培养基下面放一个模板图，并按标准规定的培养条件培养平板。

操作时用接种环而不用接种针，接种环应完全浸入培养基中。取一满环接种物，将接种环接触容器边缘3次可去除多余的液体。划线时，接种环与琼脂平面的角度应为20°～30°。接种环压在琼脂表面的压力和划线速度前后一致，整个划线应快速连续，移取液体培养物时应将接种环伸入培养液下部以防止环上产生气泡或泡沫。通常用同一个接种环对A区～D区进行划线，操作过程不需要对接种环灭菌。但为了得到低生长指数，在接种不同部分时应更换接种环或对其灭菌。

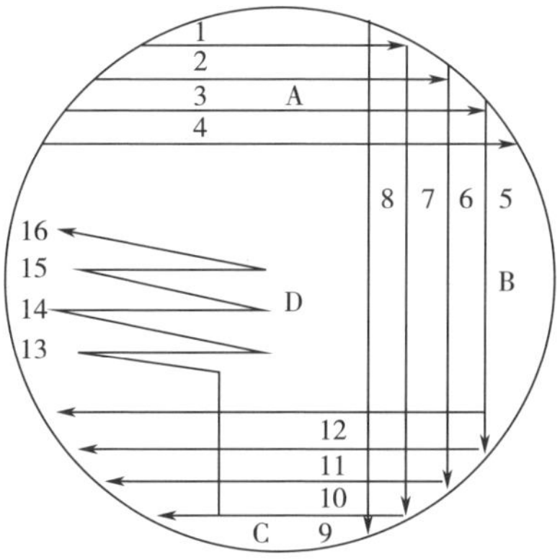

图4　半定量划线法接种法模式图

4.纯化结果分析

（1）挑取枯草芽孢杆菌进行革兰氏染色和显微镜观察后，或将菌落形态与典型枯草芽孢杆菌一致的菌落，移接到斜面培养基上进行纯化培养，即得纯化枯草芽孢杆菌。

（2）必要时，可将纯化后的菌落进行生理生化确证实验，以便进一步验收菌种。

六、报告

纯后化的菌落进行革兰氏染色和显微镜观察后，菌落形态与典型枯草芽孢杆菌一致，即报告为典型枯草芽孢杆菌。

任务单

一、任务要求

掌握细菌的分离纯化技术，掌握培养基的制备、样品稀释、倒平板、平板倾注、划线、接种、培养等操作，能规范熟练操作培养箱、振荡器等仪器，能利用显微镜对菌落进行识别，能准确识别培养皿中的菌落特征。

二、任务实施

（一）分组讨论，制订工作方案、确定人员分工

填写方案设计表（附表1）。

（二）试剂配制、仪器设备的准备

1.试剂配制

填写试剂配制表（附表2）。

2.仪器设备

填写所需仪器设备统计表（附表3）。

（三）实验操作

按照资料单中分析步骤操作。

（四）填写原始数据

细菌纯化分离原始数据记录单

样品名称		样品编号		样品质量（g）	
检测地点		检测项目		检测依据	
仪器名称		室温（℃）		相对湿度RH（%）	
菌落特征					
安全评价结果					
检验人：			校核人：		

三、考核评价

细菌分离纯化技术
考核评分标准

技能操作三　食品菌落总数评价

资料单

一、原理

食品检样经过处理，在一定条件下（如培养基、培养温度和培养时间等）培养后，所得每克（毫升）检样中形成的微生物菌落总数。

本操作参考GB 4789.2—2022《食品安全国家标准　食品微生物学检验　菌落总数测定》。

二、设备和材料

除微生物实验室常规灭菌及培养设备外，其他设备与材料如下。

（1）恒温培养箱：36℃ ± 1℃，30℃ ± 1℃。

（2）冰箱：2 ~ 5℃。

（3）恒温水浴箱：48℃ ± 2℃。

（4）天平：感量为0.1g。

（5）均质器。

（6）振荡器。

（7）无菌吸管：1mL（具0.01mL刻度）、10mL（具0.1mL刻度）或微量移液器及吸头。

（8）无菌锥形瓶：容量250mL和500mL。

（9）无菌培养皿：直径90mm。

（10）pH计或pH比色管或精密pH试纸。

（11）放大镜或（和）菌落计数器。

三、培养基和试剂

1.平板计数琼脂培养基（PCA）

（1）成分　胰蛋白胨5.0g，酵母浸膏2.5g，葡萄糖1.0g，琼脂15.0g，蒸馏水1000mL。

（2）制法　将上述成分加于蒸馏水中，煮沸溶解，调节pH至7.0 ± 0.2，分装至试管或锥形瓶，121℃高压灭菌15min。

2.磷酸盐缓冲液

（1）成分　磷酸二氢钾（KH_2PO_4）34.0g，蒸馏水500mL。

（2）制法

①贮存液：称取34.0g的磷酸二氢钾溶于500mL蒸馏水中，用大约175mL的1mol/L氢氧化钠溶液调节pH至7.2，用蒸馏水稀释至1000mL后贮存于冰箱中。

②稀释液：取贮存液1.25mL，用蒸馏水稀释至1000mL，分装于适宜容器中，121℃高压灭菌15min。

3.无菌生理盐水

（1）成分　氯化钠8.5g，蒸馏水1000mL。

（2）制法　称取8.5g氯化钠溶于1000mL蒸馏水中，121℃，高压灭菌15min。

四、检验程序

食品中菌落总数的检验程序见图 1 。

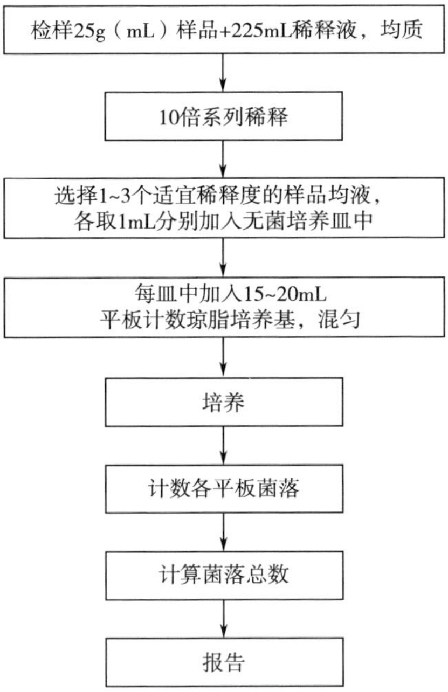

图 1　食品中菌落总数的检验程序

五、分析步骤

1.样品的稀释

（1）固体和半固体样品　称取25g样品置于盛有225mL磷酸盐缓冲液或生理盐水的无菌均质杯内，以8000～10000r/min均质1～2min，或放入盛有225mL稀释液的无菌均质袋中，用拍击式均质器拍打1～2min，制成1：10的样品匀液。

（2）液体样品　以无菌吸管吸取25mL样品置于盛有225mL磷酸盐缓冲液或生理盐水的无菌锥形瓶（瓶内预置适当数量的无菌玻璃珠）中，充分混匀，制成1：10的样品匀液。

（3）用1mL无菌吸管或微量移液器吸取1：10样品匀液1mL，沿管壁缓慢注于盛有9mL稀释液的无菌试管中（注意吸管或吸头尖端不要触及稀释液面），振摇试管或换用1支无菌吸管反复吹打使其混合均匀，制成1：100的样品匀液。

（4）按步骤（3）操作，制备10倍系列稀释样品匀液。每递增稀释一次，换用1次1mL无菌吸管或吸头。

（5）根据对样品污染状况的估计，选择1～3个适宜稀释度的样品匀液（液体样品可包括原液），在进行10倍递增稀释时，吸取1mL样品匀液于无菌培养皿内，每个稀释度做两个培养皿。同时，分别吸取1mL空白稀释液加入两个无菌培养皿内作空白对照。

（6）及时将15～20mL冷却至46～50℃的平板计数琼脂培养基（可放置于48℃±2℃恒温水浴箱中保温）倾注培养皿，并转动培养皿使其混合均匀。

2.培养

（1）待琼脂凝固后，将平板翻转，36℃ ± 1℃培养48h ± 2h，水产品30℃ ± 1℃培养72h ± 3h。

（2）如果样品中可能含有在琼脂培养基表面弥漫生长的菌落，可在凝固后的琼脂表面覆盖一薄层琼脂培养基（约4mL），凝固后翻转平板，按相同条件进行培养。

3.菌落计数

（1）可用肉眼观察，必要时用放大镜或菌落计数器，记录稀释倍数和相应的菌落数量，菌落计数以菌落形成单位（colony-forming units，CFU）表示。

（2）选取菌落数在30～300CFU、无蔓延菌落生长的平板计数菌落总数。低于30CFU的平板记录具体菌落数，大于300CFU的可记录为多不可计。每个稀释度的菌落数应采用两个平板的平均数。

（3）其中一个平板有较大片状菌落生长时，则不宜采用，而应以无片状菌落生长的平板作为该稀释度的菌落数；若片状菌落不到平板的一半，而其余一半中菌落分布又很均匀，即可计算半个平板后乘以2，代表一个平板菌落数。

（4）当平板上出现菌落间无明显界线的链状生长时，则将每条单链作为一个菌落计数。

六、报告

1.菌落总数的计算方法

（1）若只有一个稀释度平板上的菌落数在适宜计数范围内，计算两个平板菌落数的平均值，再将平均值乘以相应稀释倍数，作为每克（毫升）样品中菌落总数结果。

（2）若有两个连续稀释度的平板菌落数在适宜计数范围内时，按下式计算：

$$N = \frac{\sum C}{(n_1 + 0.1n_2)d}$$

式中 N——样品中菌落数；

$\sum C$——平板（含适宜范围菌落数的平板）菌落数之和；

n_1——第一稀释度（低稀释倍数）平板个数；

n_2——第二稀释度（高稀释倍数）平板个数；

d——稀释因子（第一稀释度）。

示例：

稀释度	1：100（第一稀释度）	1：1000（第二稀释度）
菌落数/CFU	232，241	33，35

$$N = \frac{\sum C}{(n_1 + 0.1n_2)d} = \frac{232 + 241 + 33 + 35}{[2 + (0.1 \times 2)] \times 10^{-2}} = \frac{541}{0.022} = 24591$$

上述数据经数字修约后，表示为25000或2.5×10^4。

（3）若所有稀释度的平板上菌落数均大于300CFU，则对稀释度最高的平板进行计数，其他平板可记录为多不可计，结果按平均菌落数乘以最高稀释倍数计算。

（4）若所有稀释度的平板菌落数均小于30CFU，则应按稀释度最低的平均菌落数乘以稀释倍数计算。

（5）若所有稀释度（包括液体样品原液）平板均无菌落生长，则以小于1乘以最低稀释倍数计算。

（6）若所有稀释度的平板菌落数均不在30～300CFU，其中一部分小于30CFU或大于300CFU时，则以最接近30CFU或300CFU的平均菌落数乘以稀释倍数计算。

2.菌落总数的报告

（1）菌落数<100CFU时，按“四舍五入”原则修约，以整数报告。

（2）菌落数≥100CFU时，第3位数字采用“四舍五入”原则修约后，取前2位数字，后面用0代替位数；也可用10的指数形式来表示，按“四舍五入”原则修约后，采用两位有效数字。

（3）若所有平板上为蔓延菌落而无法计数，则报告菌落蔓延。

（4）若空白对照上有菌落生长，则此次检测结果无效。

（5）称重取样以CFU/g为单位报告，体积取样以CFU/mL为单位报告。

任务单

一、任务要求

正确测定菌落总数，掌握培养基的制备、样品稀释、倒平板、计数等操作，能规范熟练使用培养箱、均质器、振荡器、菌落计数器，能利用菌落计数器或人工方法对菌落进行识别，能准确计算培养皿中的菌落数。

二、任务实施

（一）分组讨论，制订工作方案、确定人员分工

填写方案设计表（附表1）。

（二）试剂配制、仪器设备的准备

1.试剂配制

填写试剂配制表（附表2）。

2.仪器设备

填写所需仪器设备统计表（附表3）。

（三）实验操作

按照资料单中分析步骤操作。

（四）填写原始数据

菌落总数测定原始数据记录单

<table>
<tr><td>样品名称</td><td colspan="2"></td><td colspan="3">样品编号</td><td colspan="2"></td><td>样品质量（g）</td><td></td></tr>
<tr><td>检测地点</td><td colspan="2"></td><td colspan="3">检测项目</td><td colspan="2"></td><td>检测依据</td><td></td></tr>
<tr><td>仪器名称</td><td colspan="2"></td><td colspan="3">室温（℃）</td><td colspan="2"></td><td>相对湿度RH（%）</td><td></td></tr>
<tr><td rowspan="2">分析数据</td><td>菌落数 c_1</td><td>菌落数 c_2</td><td>菌落数 c_3</td><td>菌落数 c_4</td><td>菌落数 c_5</td><td>菌落数 c_6</td><td>平板个数n_1</td><td>平板个数n_2</td><td>稀释度 d</td></tr>
<tr><td></td><td></td><td></td><td></td><td></td><td></td><td></td><td></td><td></td></tr>
<tr><td>菌落特征</td><td colspan="9"></td></tr>
<tr><td>样品中菌落总数（CFU）</td><td colspan="9">1.计算公式

2.菌落总数</td></tr>
<tr><td>安全评价结果</td><td colspan="9"></td></tr>
</table>

检验人：　　　　　　　　　　　　校核人：

三、考核评价

食品菌落总数评价
考核评分标准

技能操作四　食品大肠菌群测定

资料单

一、　原理

本操作参考GB 4789.3—2016《食品安全国家标准　食品微生物学检验　大肠菌群计数》。

1.MPN 法

MPN法是统计学和微生物学结合的一种定量检测法，待测样品经系列稀释并培养后，根据其未生长的最低稀释度与生长的最高稀释度，应用统计学概率论推算出待测样品中大肠菌群的最大可能数。

2.平板计数法

大肠菌群在固体培养基中发酵乳糖产酸，在指示剂的作用下形成可计数的红色或紫色、带有或不带有沉淀环的菌落。通过进一步煌绿乳糖胆盐肉汤（BGLB）培养，便可得出大肠菌群菌落的数量。

二、设备和材料

除微生物实验室常规灭菌及培养设备外，其他设备与材料如下。

（1）恒温培养箱：36℃ ± 1℃。

（2）冰箱：2 ~ 5℃。

（3）恒温水浴箱：46℃ ± 1℃。

（4）天平：感量0.1g。

（5）均质器。

（6）振荡器。

（7）无菌吸管：1mL（具0.01mL刻度）、10mL（具0.1mL刻度）或微量移液器及吸头。

（8）无菌锥形瓶：容量500mL。

（9）无菌培养皿：直径90 mm。

（10）pH计或pH比色管或精密pH试纸。

（11）菌落计数器。

三、培养基和试剂

除非另作规定，本操作所用试剂均为分析纯，水为GB/T 6682—2008规定的二级水或去离子水。

1.月桂基硫酸盐胰蛋白胨肉汤（LST）

（1）成分 胰蛋白胨或胰酪胨20.0g，氯化钠5.0g，乳糖5.0g，磷酸氢二钾（K_2HPO_4）2.75g，磷酸二氢钾（KH_2PO_4）2.75g，月桂基硫酸钠0.1g，蒸馏水1000mL。

（2）制法 将上述成分溶解于蒸馏水中，调节pH至6.8±0.2，分装到有玻璃小倒管的试管中，每管10mL，121℃高压灭菌15min。

2.煌绿乳糖胆盐肉汤（BGLB）

（1）成分 蛋白胨10.0g，乳糖10.0g，牛胆粉（oxgall 或oxbile）溶液200mL，0.1%煌绿水溶液13.3mL，蒸馏水800mL。

（2）制法 将蛋白胨、乳糖溶于约500mL蒸馏水中，加入牛胆粉溶液200mL（将20.0g脱水牛胆粉溶于200mL蒸馏水中，调节pH至7.0～7.5），用蒸馏水稀释到975mL，调节pH至7.2±0.1，再加入0.1%煌绿水溶液13.3mL，用蒸馏水补足到1000mL，用棉花过滤后，分装到有玻璃小倒管的试管中，每管10mL，121℃高压灭菌15min。

3.结晶紫中性红胆盐琼脂（VRBA）

（1）成分 蛋白胨7.0g，酵母膏3.0g，乳糖10.0g，氯化钠5.0g，胆盐或3号胆盐1.5g，中性红0.03g，结晶紫0.002g，琼脂15～18g，蒸馏水1000mL。

（2）制法 将上述成分溶于蒸馏水中，静置几分钟，充分搅拌，调节pH至7.4±0.1。煮沸2min，将培养基融化并恒温至45～50℃倾注平板。使用前临时制备，不得超过3h。

4.无菌磷酸盐缓冲液

（1）成分 磷酸二氢钾（KH_2PO_4）34.0g，蒸馏水500mL。

（2）制法

①贮存液：称取34.0g的磷酸二氢钾溶于500mL蒸馏水中，用大约175mL的1mol/L氢氧化钠溶液调节pH至7.2±0.2，用蒸馏水稀释至1000mL后贮存于冰箱。

②稀释液：取贮存液1.25mL，用蒸馏水稀释至1000mL，分装于适宜容器中，121℃高压灭菌15min。

5.无菌生理盐水

（1）成分 氯化钠8.5g，蒸馏水1000mL。

（2）制法 称取8.5g氯化钠溶于1000mL蒸馏水中，121℃高压灭菌15min。

6. 1mol/L NaOH溶液

（1）成分 NaOH40.0g，蒸馏水1000mL。

（2）制法 称取40g氢氧化钠溶于1000mL无菌蒸馏水中。

7. 1mol/L HCl溶液

（1）成分 HCl 90mL，蒸馏水1000mL。

（2）制法 移取浓盐酸90mL，用无菌蒸馏水稀释至1000mL。

四、检验程序

1.大肠菌群MPN法

大肠菌群MPN法检验程序见图1。

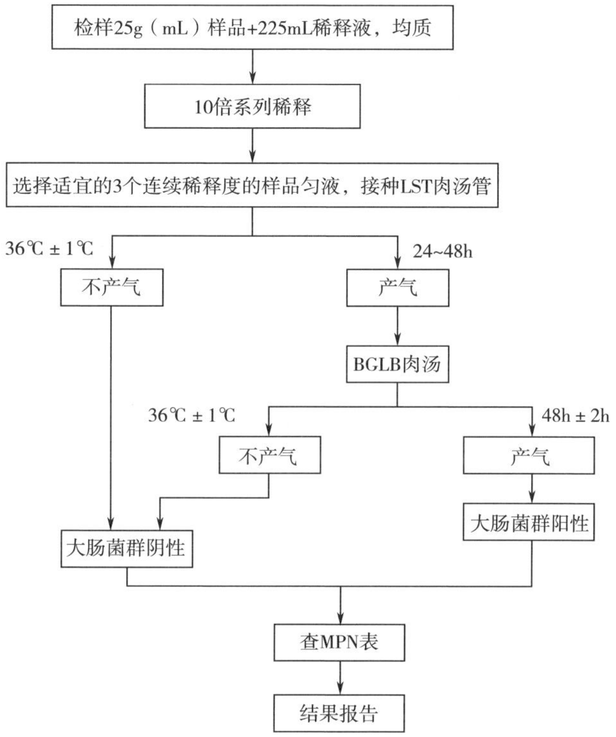

图1　大肠菌群MPN法检验程序

2.大肠菌群平板计数法

大肠菌群平板计数法检验程序见图2。

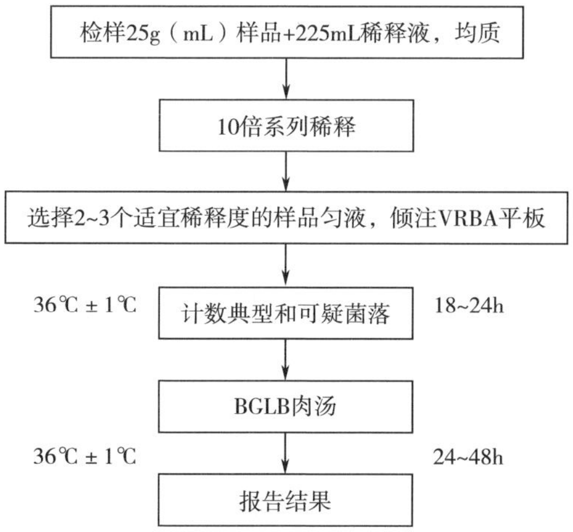

图2　大肠菌群平板计数法检验程序

五、分析步骤

1.大肠菌群MPN计数法分析步骤

（1）样品的稀释

①固体和半固体样品：称取25g样品，放入盛有225mL磷酸盐缓冲液或生理盐水的无菌均质杯内，以8000～10000r/min均质1～2min，或放入盛有225mL磷酸盐缓冲液或生理盐水的无菌均质袋中，用拍击式均质器拍打1～2min，制成1：10的样品匀液。

②液体样品：以无菌吸管吸取25mL样品置于盛有225mL磷酸盐缓冲液或生理盐水的无菌锥形瓶（瓶内预置适当数量的无菌玻璃珠）或其他无菌容器中充分振摇或置于机械振荡器中振摇，充分混匀，制成1：10的样品匀液。

③样品匀液的pH应在6.5～7.5，必要时分别用1mol/L NaOH或1mol/L HCl调节。

④用1mL无菌吸管或微量移液器吸取1：10样品匀液1mL，沿管壁缓缓注入9mL磷酸盐缓冲液或生理盐水的无菌试管中（注意吸管或吸头尖端不要触及稀释液面），振摇试管或换用1支1mL无菌吸管反复吹打，使其混合均匀，制成1：100的样品匀液。

⑤根据对样品污染状况的估计，按上述操作，依次制成10倍递增系列稀释样品匀液，每递增稀释1次，换用1支1mL无菌吸管或吸头。从制备样品匀液至样品接种完毕，全过程不得超过15min。

（2）初发酵实验　每个样品，选择3个适宜的连续稀释度的样品匀液（液体样品可以选择原液），每个稀释度接种3管月桂基硫酸盐胰蛋白胨（LST）肉汤，每管接种1mL（如接种量超过1mL，则用双料LST肉汤），36℃±1℃培养24h±2h，观察倒管内是否有气泡产生，24h±2h产气者进行复发酵实验（证实实验），如未产气则继续培养至48h±2h，产气者进行复发酵实验，未产气者为大肠菌群阴性。

（3）复发酵实验（证实实验）　用接种环从产气的LST肉汤管中分别取培养物1环，移种于煌绿乳糖胆盐肉汤（BGLB）管中，36℃±1℃培养48h±2h，观察产气情况，产气者，计为大肠菌群阳性管。

2.大肠菌群平板计数法分析步骤

（1）样品稀释　同大肠菌群MPN计数法的样品稀释步骤。

（2）平板计数

①选取2～3个适宜的连续稀释度，每个稀释度接种2个无菌平皿，每皿1mL，同时取1mL生理盐水加入无菌平皿作空白对照。

②及时将15～20mL融化并恒温至46℃的结晶紫中性红胆盐琼脂（VRBA）倾注于每个平皿中。小心旋转平皿，将培养基与样液充分混匀，待琼脂凝固后，再加3～4mL VRBA覆盖平板表层。翻转平板，置于36℃±1℃培养18～24h。

（3）平板菌落数的选择　选取菌落数在15～150CFU的平板，分别计数平板上出现的典型和可疑大肠菌群菌落（如菌落直径较典型菌落小）。典型菌落为紫红色，菌落周围有红色的胆盐沉淀环，菌落直径为0.5mm或更大。最低稀释度平板低于15CFU的记录具体菌落数。

（4）证实实验 从VRBA平板上挑取10个不同类型的典型和可疑菌落，少于10个菌落的挑取全部典型和可疑菌落。分别移种于BGLB肉汤管内，36℃±1℃培养24~48h，观察产气情况，凡BGLB肉汤管产气，即可报告为大肠菌群阳性。

六、报告

1.大肠菌群最大可能数（MPN）的报告

按上述步骤确证的大肠菌群BGLB阳性管数，根据大肠菌群最大可能数（MPN）检索表（表1），报告每克（毫升）样品中大肠菌群的MPN值，单位为CFU/g（或CFU/mL）。

表1 肠菌群最大可能数（MPN）检索表

阳性管数			MPN	95%可信限		阳性管数			MPN	95%可信限	
0.10	0.01	0.001		下限	上限	0.10	0.01	0.001		下限	上限
0	0	0	<3.0	—	9.5	2	2	0	21	4.5	42
0	0	1	3.0	0.15	9.6	2	2	1	28	8.7	94
0	1	0	3.0	0.15	11	2	2	2	35	8.7	94
0	1	1	6.1	1.2	18	2	3	0	29	8.7	94
0	2	0	6.2	1.2	18	2	3	1	36	8.7	94
0	3	0	9.4	3.6	38	3	0	0	23	4.6	94
1	0	0	3.6	0.17	18	3	0	1	38	8.7	110
1	0	1	7.2	1.3	18	3	0	2	64	17	180
1	0	2	11	3.6	38	3	1	0	43	9	180
1	1	0	7.4	1.3	20	3	1	1	75	17	200
1	1	1	11	3.6	38	3	1	2	120	37	420
1	2	0	11	3.6	42	3	1	3	160	40	420
1	2	1	15	4.5	42	3	2	0	93	18	420
1	3	0	16	4.5	42	3	2	1	150	37	420
2	0	0	9.2	1.4	38	3	2	2	210	40	430
2	0	1	14	3.6	42	3	2	3	290	90	1000
2	0	2	20	4.5	42	3	3	0	240	42	1000
2	1	0	15	3.7	42	3	3	1	460	90	2000
2	1	1	20	4.5	42	3	3	2	1100	180	4100
2	1	2	27	8.7	94	3	3	3	>1100	420	—

2.大肠菌群平板计数法的报告

经最后证实为大肠菌群阳性的试管比例乘以所记录的平板菌落数，再乘以稀释倍数，即为每克（毫升）样品中大肠菌群数。

计算公式如下：

$$P=\frac{N_1N_3}{N_2}\times10^n \text{CFU/g(或 CFU/mL)}$$

式中　P——样品中大肠菌群数量CFU/g（或CFU/mL）；

N_1——VRBA平板上典型和可疑菌落数；

N_2——接种BGLB肉汤管数；

N_3——接种BGLB肉汤管中，阳性管数；

n——稀释倍数。

例如：10^{-4}样品稀释液1mL，在VRBA平板上有100个典型和可疑菌落，挑取其中10个接种BGLB肉汤管，证实有6个阳性管，则该样品的大肠菌群数为：（100×6）10^4/10=6.0×10^5CFU/g（或CFU/mL）。

若所有稀释度（包括液体样品原液）平板均无菌落生长，则以<1乘以最低稀释倍数计算，也可直接记为<1CFU/g（mL）。

任务单

一、任务要求

采用MPN计数法和平板计数法检验大肠菌群的数量，掌握培养基的制备、样品稀释、初发酵、复发酵、计数、证实等实验，能规范熟练操作平板、培养皿倾注、发酵，能利用平板计数法、MPN法对大肠菌群菌落进行识别，能准确计算大肠菌群的菌落数。

二、任务实施

（一）分组讨论，制订工作方案、确定人员分工

填写方案设计表（附表1）。

（二）试剂配制、仪器设备的准备

1.试剂配制

填写试剂配制表（附表2）。

2.仪器设备

填写所需仪器设备统计表（附表3）。

（三）实验操作

按照资料单中分析步骤操作。

（四）填写原始数据

大肠菌群 MPN 计数法检验原始数据记录单

<table>
<tr><td>样品名称</td><td colspan="3"></td><td colspan="2">样品编号</td><td></td><td colspan="2">样品质量（g）</td><td></td></tr>
<tr><td>检测地点</td><td colspan="3"></td><td colspan="2">检测项目</td><td></td><td colspan="2">检测依据</td><td></td></tr>
<tr><td>仪器名称</td><td colspan="3"></td><td colspan="2">室温（℃）</td><td></td><td colspan="2">相对湿度RH（%）</td><td></td></tr>
<tr><td rowspan="3">分析数据</td><td colspan="3">稀释度</td><td colspan="3">阳性管数</td><td colspan="3">阳性管数</td></tr>
<tr><td rowspan="2"></td><td rowspan="2"></td><td rowspan="2"></td><td>0.10</td><td>0.01</td><td>0.001</td><td>1.00</td><td>0.10</td><td>0.01</td></tr>
<tr><td></td><td></td><td></td><td></td><td></td><td></td></tr>
<tr><td>产气情况记录</td><td colspan="9">1.LST肉汤产气情况记录

2.BGLB产气情况记录</td></tr>
<tr><td>样品中大肠菌群含量（CFU/g）</td><td colspan="9"></td></tr>
<tr><td>安全评价结果</td><td colspan="9"></td></tr>
</table>

检验人：　　　　　　　　　　　　　　校核人：

大肠菌群平板计数法检验原始数据记录单

<table>
<tr><td>样品名称</td><td></td><td>样品编号</td><td></td><td>样品质量（g）</td><td></td></tr>
<tr><td>检测地点</td><td></td><td>检测项目</td><td></td><td>检测依据</td><td></td></tr>
<tr><td>仪器名称</td><td></td><td>室温（℃）</td><td></td><td>相对湿度RH（%）</td><td></td></tr>
<tr><td rowspan="2">分析数据</td><td>VRBA平板典型和可疑菌落数N_1</td><td>BGLB肉汤管数N_2</td><td>BGLB肉汤管阳性数N_3</td><td colspan="2">稀释度n</td></tr>
<tr><td></td><td></td><td></td><td colspan="2"></td></tr>
<tr><td>BGLB肉汤管产气情况记录</td><td colspan="5"></td></tr>
</table>

续表

样品中大肠菌群含量（CFU/g）	
安全评价结果	

检验人：　　　　　　　　　　　　校核人：

三、考核评价

食品大肠菌群测定考核评分标准

技能操作五　食品霉菌和酵母菌计数

资料单

一、原理

食品检样经过稀释，在一定条件下培养后，即可通过肉眼或放大镜或计数器计算培养皿中的霉菌和酵母菌的总数，也可通过折光仪与显微镜直接测量霉菌的菌落总数。

本操作参考GB 4789.15—2016《食品安全国家标准　食品微生物学检验　霉菌和酵母计数》。

二、设备和材料

除微生物实验室常规灭菌及培养设备外，其他设备与材料如下。

（1）培养箱：28℃ ± 1℃ 。

（2）拍击式均质器及均质袋。

（3）电子天平：感量0.1g。

（4）无菌锥形瓶：容量500mL。

（5）无菌吸管：1mL（具0.01mL刻度）、10mL（具0.1mL刻度）。

（6）无菌试管：18mm × 180mm。

（7）涡旋混合器。

（8）无菌平皿：直径90mm。

（9）恒温水浴箱：46℃ ± 1℃。

（10）显微镜：（10 ~ 100）×。

（11）微量移液器及枪头：1.0mL。

（12）折光仪。

（13）郝氏计测玻片：具有标准计测室的特制玻片。

（14）盖玻片。

（15）测微器：具标准刻度的玻片。

三、培养基和试剂

1.生理盐水

（1）成分　氯化钠8.5g，蒸馏水1000mL。

（2）制法　氯化钠加入1000mL蒸馏水中，搅拌至完全溶解，分装后，121℃，灭菌15min，备用。

2.马铃薯葡萄糖琼脂

（1）成分　马铃薯（去皮切块）300g，葡萄糖20.0g，琼脂20.0g，氯霉素0.1g，蒸馏水1000mL。

（2）制法　将马铃薯去皮切块，加1000mL蒸馏水，煮沸10 ~ 20min，用纱布过滤，补加蒸馏水至1000mL，加入葡萄糖和琼脂，加热溶解，分装后，121℃灭菌15min，备用。

3.孟加拉红琼脂

（1）成分　蛋白胨5.0g，葡萄糖10.0g，磷酸二氢钾1.0g，硫酸镁（无水）0.5g，琼脂20.0g，孟加拉红0.033g，氯霉素0.1g，蒸馏水1000mL。

（2）制法　上述各成分加入蒸馏水中，加热溶解，补足蒸馏水至1000mL，分装后，121℃灭菌15min，避光保存备用。

4.磷酸盐缓冲液

（1）成分　磷酸二氢钾34.0g，蒸馏水500mL。

（2）制法

①贮存液：称取34.0g的磷酸二氢钾溶于500mL蒸馏水中，用大约175mL的1mol/L氢氧化钠溶液调节pH至7.2 ± 0.1，用蒸馏水稀释至1000mL后贮存于冰箱。

②稀释液：取贮存液1.25mL，用蒸馏水稀释至1000mL，分装于适宜容器中，121℃高压灭菌15min。

四、检验程序

食品中霉菌和酵母菌平板计数法检验程序见图 1 。

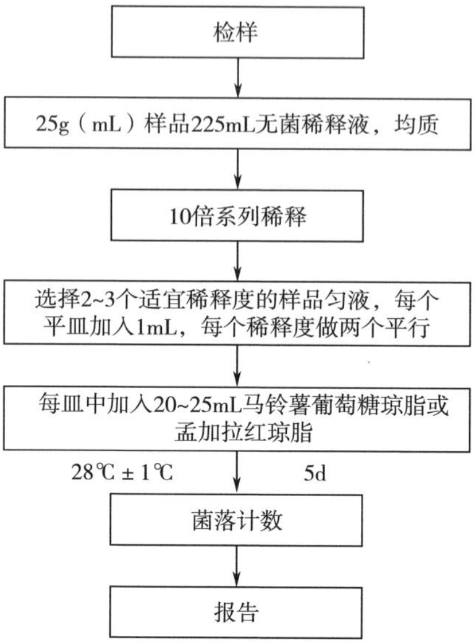

图 1　食品中霉菌和酵母菌平板计数法的检验程序

五、分析步骤

（1）固体和半固体样品：称取25g样品，加入225mL无菌稀释液（蒸馏水或生理盐水或磷酸盐缓冲液），充分振摇，或用拍击式均质器拍打1 ~ 2min，制成1 : 10的样品匀液。

（2）液体样品：以无菌吸管吸取25mL样品置于盛有225mL无菌稀释液（蒸馏水或生理盐水或磷酸盐缓冲液）的适宜容器内（可在瓶内预置适当数量的无菌玻璃珠）或无菌均质袋中，充分振摇或用拍击式均质器拍打1 ~ 2min，制成1 : 10的样品匀液。

（3）取1mL 1 : 10样品匀液注入含有9mL无菌稀释液的试管中，另换一支1mL无菌吸管反复吹吸，或在涡旋混合器上混匀，此液为1 : 100的样品匀液。

（4）按步骤（3）操作，制备10倍递增系列稀释样品匀液。每递增稀释一次，换用1支1mL无菌吸管。

（5）根据对样品污染状况的估计，选择2 ~ 3个适宜稀释度的样品匀液（液体样品可包括原液），在进行10倍递增稀释的同时，每个稀释度分别吸取1mL样品匀液于2个无菌平皿内。同时分别取1mL无菌稀释液加入2个无菌平皿作空白对照。

（6）及时将20 ~ 25mL冷却至46℃的马铃薯葡萄糖琼脂或孟加拉红琼脂（可放置于46℃ ± 1℃恒温水浴箱中保温）倾注平皿，并转动平皿使其混合均匀后，置于水平台面待培养基完全凝固。

（7）培养：琼脂凝固后，正置平板，置于28℃ ± 1℃培养箱中培养，观察并记录培养至第5d的结果。

（8）菌落计数：用肉眼观察，必要时可用放大镜或低倍镜，记录稀释倍数和相应的霉菌和酵母菌落数，以菌落形成单位CFU表示。

选取菌落数在10 ~ 150CFU的平板，根据菌落形态分别计数霉菌和酵母。霉菌蔓延生长覆盖整个平板的可记录为菌落蔓延。

六、结果与报告

1.结果

（1）计算同一稀释度的两个平板菌落数的平均值，再将平均值乘以相应稀释倍数。

（2）若有两个稀释度平板上菌落数均在10 ~ 150CFU，则按照GB 4789.2—2016的相应规定进行计算。

（3）若所有平板上菌落数均大于150CFU，则对稀释度最高的平板进行计数，其他平板可记录为多不可计，结果按平均菌落数乘以最高稀释倍数计算。

（4）若所有平板上菌落数均小于10CFU，则应按稀释度最低的平均菌落数乘以稀释倍数计算。

（5）若所有稀释度（包括液体样品原液）平板均无菌落生长，则以<1乘以最低稀释倍数计算，或直接记为<1CFU。

（6）若所有稀释度的平板菌落数均不在10 ~ 150CFU，其中一部分小于10CFU或大于150CFU时，则以最接近10CFU或150CFU的平均菌落数乘以稀释倍数计算。

2.报告

（1）菌落数按“四舍五入”原则修约。菌落数在10以内时，采用一位有效数字报告；菌落数在10 ~ 100时，采用两位有效数字报告。

（2）菌落数≥100时，前第3位数字采用“四舍五入”原则修约后，取前2位数字，后面用0代替位数来表示结果，也可用10的指数形式来表示，此时也按“四舍五入”原则修约，采用两位有效数字。

（3）若空白对照的平板上有菌落出现，则此次检测结果无效。

（4）称重取样以CFU/g为单位报告，体积取样以CFU/mL为单位报告，报告或分别报告霉菌和（或）酵母数。

七、霉菌直接镜检计数法

1.检样的制备

取适量检样，加蒸馏水稀释至折射率为1.3447 ~ 1.3460（即浓度为7.9% ~ 8.8%），备用。

2.显微镜标准视野的校正

将显微镜按放大率90～125倍调节标准视野，使其直径为1.382 mm。

3.涂片

洗净郝氏计测玻片，将制好的标准液，用玻璃榉均匀的摊布于计测室，加盖玻片，以备观察。

4.观测

将制好的载玻片置于显微镜标准视野下进行观测。一般每一检样每人观察50个视野。同一检样应由两人进行观察。

5.结果与计算

在标准视野下，发现有霉菌菌丝的长度超过标准视野（1.382mm）的1/6或3根菌丝总长度超过标准视野的1/6（即测微器的一格）时即记录为阳性（+），否则记录为阴性（-）。

6.报告

报告每100个视野中全部阳性视野数为霉菌的视野百分数（视野%）。

任务单

一、任务要求

正确测定霉菌及酵母菌的菌落数，掌握培养基的制备、样品稀释、倒平板、培养、计数等操作，能规范熟练使用培养箱、均质器、涡旋混合器、折光仪、菌落计数器，能利用菌落计数器、人工方法或利用直接镜检法对菌落进行识别，能准确计算培养皿中的菌落数。

二、任务实施

（一）分组讨论，制订工作方案、确定人员分工

填写方案设计表（附表1）。

（二）试剂配制、仪器设备的准备

1.试剂配制

填写试剂配制表（附表2）。

2.仪器设备

填写所需仪器设备统计表（附表3）。

（三）实验操作

按照资料单中分析步骤操作。

（四）填写原始数据

菌落总数测定原始数据记录单

样品名称			样品编号					样品质量（g）	
检测地点			检测项目					检测依据	
仪器名称			室温（℃）					相对湿度RH（%）	
分析数据	菌落数C_1	菌落数C_2	菌落数C_3	菌落数C_4	菌落数C_5	菌落数C_6	平板个数n_1	平板个数n_2	稀释度d
菌落特征									
样品中菌落总数（CFU）	1.计算公式 2.菌落总数								
安全评价结果									

检验人:　　　　　　　　　　校核人:

三、考核评价

食品霉菌和酵母菌计数考核评分标准

微生物检测安全评价知识点在线测试

微生物检测仿真

参考文献

于源华.生物工程与技术专业基础实验教程［M］.北京：北京理工大学出版社，2016.

考核项目二 农药残留检测安全评价

技能操作一 有机磷农药单残留的测定（气相色谱单柱法）

资料单

一、原理

样品中有机磷类农药用乙腈提取，提取溶液经过滤、浓缩后，用丙酮定容注入气相色谱仪，农药组分经毛细管色谱柱分离，用火焰光度检测器（带磷滤光片）检测，根据色谱峰的保留时间定性，以外标法定量。

本操作参考NY/T 761—2008《蔬菜和水果有机磷、有机氯、拟除虫菊酯和氨甲酸酯类农药多残留的测定》和GB 23200.116—2019《食品安全国家标准　植物源性食品中90种有机磷类农药及其代谢物残留量的测定　气相色谱法》。

二、试剂和材料

除非另作说明，在本操作中仅使用分析纯的试剂，水为GB/T 6682—2008规定的一级水。

1.试剂

（1）乙腈（CH_3CN）。

（2）丙酮（C_3H_6O）：色谱纯。

（3）氯化钠（NaCl）。

（4）滤膜：0.22μm，有机溶剂膜。

2.标准品

常见有机磷类农药标准品：以毒死蜱为例，纯度96%，或直接购买国家标准物质中心提供有标准物质证书的标准溶液1000mg/L或100mg/L。

3.标准溶液配制

根据各农药在对应检测器上的响应值，准确吸取适量的标准储备液，用丙酮稀释配制成所需的标准工作液。

三、仪器和设备

（1）气相色谱仪：配有火焰光度检测器（FPD磷滤光片）。

（2）分析天平：感量0.1mg、0.01g。

（3）食品加工器。

（4）高速匀浆机。

（5）涡旋混合器。

（6）氮吹仪。

四、分析步骤

1.样品制备

水果、蔬菜样品取样部位按 GB 2763—2021附录 A 执行，对于个体较小的样品，取样后全部处理；对于个体较大的基本均匀样品，可在对称轴或对称面上分割或切成小块后处理；对于细长、扁平或组分含量在各部分间有差异的样品，可在不同部位切取小片或截成小段后处理；将取后的样品切碎，充分混匀，用四分法取样或直接放入组织捣碎机中捣碎成匀浆，放入分装容器中。制备好的样品如需要保存，应于-20~-16℃条件贮存。

2.提取和净化

称取25g（精确到0.01g）样品于150mL 烧杯中，加入50.00mL乙腈，用高速匀浆机15000r/min匀浆2min，提取液过滤至装有5~7g氯化钠的100mL具塞量筒中，盖上塞子，剧烈振荡1min，在室温下静置30min。准确吸取10mL上清液于具塞刻度试管中，80℃水浴中氮吹蒸发近干，加入5.00mL丙酮溶解残余物，涡旋震荡混匀0.5min，用微孔滤膜过滤，待测。

3.测定

（1）仪器参考条件

①色谱柱：（14%氰丙基-苯基）-甲基聚硅氧烷毛细管柱（DB-1701），30m×0.32mm×0.25μm或相当者。

②色谱柱温度：100℃保持0.5min，然后以15℃/min程序升温至220℃，保持2min。

③载气：氮气，纯度≥99.999%，流速为1.2mL/min。

④进样口温度：200℃。

⑤检测器温度：220℃。

⑥进样量：1μL。

⑦进样方式：不分流进样。

⑧燃气：氢气，纯度≥ 99.999%，流速为75mL/min。

⑨助燃气：空气，流速为100mL/min。

（2）色谱分析　分别吸取1.0μL标准工作液和净化后的样品溶液注入色谱仪中，以保留时间定性，以样品溶液峰面积与标准溶液峰面积比较定量。

（3）定性及定量

①定性测定：以目标农药的保留时间定性。被测样品中目标农药色谱峰的保留时间与相应标准色谱峰的保留时间相比较，相差应在 ± 0.05min。

②定量测定：以外标法定量。

③样品溶液的测定：将标准工作溶液和样品溶液依次注入气相色谱仪中，根据保留时间定性，测得目标农药色谱峰面积，与标准溶液峰面积比较定量，再计算得到各农药组分含量。

五、结果分析

样品中被测农药残留量以质量分数X计，单位为mg/kg，按下式计算：

$$X=\frac{V_1\times V_3\times A}{V_2\times A_s\times m}\times\rho$$

式中 X——样品中被测组分含量，mg/kg；

V_1——提取溶剂总体积，mL；

V_2——提取液分取体积，mL；

V_3——待测溶液定容体积，mL；

ρ——标准溶液中农药的质量浓度，mg/L；

A——样品溶液中被测农药的峰面积；

A_s——农药标准溶液中被测农药的峰面积；

m——样品质量，g。

计算结果以重复性条件下获得的2次独立测定结果的算术平均值表示，保留2位有效数字，当结果超过1mg/kg时，保留3位有效数字。

六、精密度

在重复性条件下获得的两次独立测定结果的绝对差值不得超过算术平均值的20%，结果保留2位有效数字。

任务单

一、任务要求

采用气相色谱法完成蔬菜、水果样品中多种有机磷（以毒死蜱等为例）农药残留含量的测定，掌握样品制备、提取、净化方法，会进行标准溶液的配制，能规范熟练操作气相色谱仪，能利用气相色谱仪对样品及标准溶液中多种有机磷进行检测，能准确计算样品中有机磷农药残留的含量。

二、任务实施

（一）分组讨论，制订工作方案、确定人员分工

填写方案设计表（附表1）。

（二）试剂配制、仪器设备的准备

1.试剂配制

填写试剂配制表（附表2）。

2.仪器设备

填写所需仪器设备统计表（附表3）。

（三）实验操作

按照资料单中分析步骤操作。

（四）填写原始数据

蔬菜、水果中有机磷类农药残留含量的检测原始数据记录单

样品名称		样品编号		检测项目	
检测地点		检测时间		检测依据	
仪器名称		室温（℃）		相对湿度RH（%）	
仪器条件	色谱柱____________ 温度t（℃）____进样口____检测器____程序升温____ 气体及流量　载气____________辅助气____ 进样方式____进样量____分流比____				
样品前处理过程数据记录	样品质量m（g）____和____（2个平行样） 提取液总体积V_1（mL）____________ 吸取出用于检测的提取溶液体积V_2（mL）____________ 样品溶液定容体积V_3（mL）____________				
标准物质保留时间（min）					
标准溶液中农药的质量浓度ρ（mg/L）					
标准溶中被测农药峰面积A_s					
样品的保留时间（min）					

续表

样品溶液中被测农药的峰面积A		
样品中农残含量X（mg/kg）		
$\overline{X}$（mg/kg）		
相对相差（%）		
检测结果	定性： 定量：	
结果安全性评价	是否超标：　□是　□否 判断依据：	

检验人：　　　　　　　　　　　　校核人：

三、考核评价

有机磷农药单残留的测定（气相色谱单柱法）考核评分标准

技能操作二　蔬菜（水果）中一种有机氯、拟除虫菊酯类农药残留检测（气相色谱单柱法）

资料单

一、原理

样品中有机氯、拟除虫菊酯类农药用乙腈提取，提取液经过滤、浓缩后，采用固相萃取柱分离、净化，淋洗液经浓缩后，注入气相色谱仪，农药组分经毛细管柱分离，用电子捕获检测器（ECD）检测，保留时间定性，外标法定量。

本操作参考NY 761—2008《蔬菜和水果中有机磷、有机氯、拟除虫菊酯和氨基甲酸酯类农药多残留的测定》和GB 23200.116—2019《食品安全国家标准　植物源性食品中90种有机磷类农药及其代谢物残留量的测定　气相色谱法》。

二、试剂和材料

除非另作说明，在分析中仅使用确认为分析纯的试剂和GB/T 6682—2008中规定的二级及以上的水。

（1）乙腈（CH_3CN）

（2）丙酮（C_3H_6O）：色谱纯。

（3）正己烷（C_6H_{14}）：色谱纯。

（4）氯化钠（NaCl）：140℃烘烤4h。

（5）固相萃取柱：弗罗里硅土柱（Florisil®），容积6mL，填充物1000mg。

（6）铝箔。

（7）微孔滤膜（有机相）：0.22μm × 25 mm。

（8）单个农药标准溶液：准确称取一定量（精确至0.1mg）有机氯或拟除虫菊酯类农药标准品，用正己烷稀释，配制成1000mg/L，贮存在-18℃以下冰箱中。使用时根据各农药在对应检测器上的响应值，准确吸取适量的标准储备液，用正己烷稀释配制成所需的标准工作液。建议选用回收率较高，没有异构体的农药。

三、仪器和设备

（1）气相色谱仪：带电子捕获检测器（ECD），毛细管进样口。

（2）分析天平 ：感量0.1mg、0.01g。

（3）高速匀浆机：转速不低于15000 r/min 。

（4）食品加工器或组织捣碎机。

（5）涡旋混合器。

（6）氮吹仪，可控温。

四、分析步骤

1.样品制备

蔬菜、水果样品的取样部位按照GB 2763—2021附录A执行，将样品切碎混匀均一化制成匀浆，制备好的样品分成测试和备用两份，装入洁净的盛样容器内，密封并标明标记，将样品于-18℃以下冰箱中冷冻保存。

2.提取

准确称取25.00g（精确到0.01g）样品放入匀浆机中，加入50.00mL乙腈，在匀浆机中15000r/min匀浆2min，然后用滤纸过滤，将滤液收集到装有5~7g氯化钠的100mL具塞量筒中，收集滤液40~50mL，盖上塞子，剧烈振荡1min，在室温下静置30min，使乙腈相和水相分层，注意振荡过程中要定期打开塞子排气。

3.净化

（1）待净化样品准备　从100mL具塞量筒中吸取10.00mL乙腈溶液，放入150mL烧杯中，将烧杯放在80℃水浴锅上加热，杯内缓缓通入氮气或空气流，蒸发近干，加入2mL正己烷，盖上铝箔，待净化。

（2）固相萃取柱活化　将弗罗里硅土柱安装在固相萃取仪上，依次用5mL丙酮+正己烷（10+90）、5mL正己烷淋洗，活化萃取柱。注意活化液要保持成滴流出萃取柱，不能成线流出。

（3）样品净化　当正己烷溶液到达柱吸附层表面时，立即倒入上述待净化样品溶液，用15mL刻度离心管接收洗脱液，用5mL丙酮+正己烷（10+90）冲洗装待净化样品烧杯后，过弗罗里硅土柱，并重复此操作一次。注意要保持样品成滴流出萃取柱，不能成线流出。

（4）样品浓缩　将盛有淋洗液的离心管置于氮吹仪上，在水浴温度50℃条件下，氮吹蒸发至小于5mL，用正己烷定容至5.00mL，在涡旋混合器上混匀0.5min，用微孔滤膜过滤，装入自动进样瓶，待测。

4.测定

（1）仪器参考条件

①色谱柱：100%聚苯基甲基硅氧烷石英毛细管柱（DB-1或HP-1），30m×0.25mm×0.25μm或相当者（如DB-5或HP-5）。

②色谱柱温度：150℃保持 2min，然后以 6℃/min 程序升温至 270℃，保持8min。

③载气：氮气，纯度≥99.999%，流速为1mL/min。

④辅助气：氮气，纯度≥99.999%，流速为60mL/min。

⑤进样口温度：200℃。

⑥检测器温度：320℃。

⑦进样量：1.0μL。

⑧进样方式：分流进样，分流比为10：1。

（2）色谱分析　分别吸取1.0μL标准工作液和净化后的样品溶液注入色谱仪中，以保留时间定性，以样品溶液峰面积与标准溶液峰面积比较定量。

五、结果分析

1.定性分析

测得样品溶液中未知组分的保留时间（RT）分别与标准溶液在同一色谱的保留时间（RT）相比较，如果样品溶液中某组分的保留时间与标准溶液农药保留时间相差在±0.05min可认定为该农药。

2.定量结果计算

样品中被测农药残留量以质量分数w计，单位为mg/kg，按下式计算：

$$w=\frac{V_1\times A\times V_3}{V_2\times A_s\times m}\times\rho$$

式中　w——样品中被测农药残留量，mg/kg；

ρ——标准溶液中农药的质量浓度，mg/L；

A——样品溶液中被测农药的峰面积；

A_s——农药标准溶液中被测农药的峰面积；

V_1——提取溶剂总体积，mL；

V_2——吸取出用于检测的提取溶液体积，mL；

V_3——样品溶液定容体积，mL；

m——样品质量，g。

计算结果以重复性条件下获得的2次独立测定结果的算术平均值表示，保留2位有效数字，当结果超过1mg/kg时，保留3位有效数字。

部分拟除虫菊酯类农药，如氟氯氰菊酯、氰戊菊酯、氟氰戊菊酯、氯氰菊酯、氰戊菊酯、溴氰菊酯具有同分异构体，计算结果的时候，农药残留量按照各同分异构体的总量来计算。

六、精密度

在重复性条件下获得的两次独立测定结果的绝对差值不得超过算术平均值的20%，即相对相差<20%，相对相差保留小数点后2位。

任务单

一、任务要求

采用气相色谱法完成样品中一种有机氯、拟除虫菊酯类农残含量的测定，掌握样品制备、提取、净化方法，会进行标准储备液、标准工作液的配制，能规范熟练操作气相色谱仪，能利用气相色谱仪对样品及标准溶液中农药进行检测，能准确计算样品中农药残留的含量。

二、任务实施

（一）分组讨论，制订工作方案、确定人员分工

填写方案设计表（附表1）。

（二）试剂配制、仪器设备的准备

1.试剂配制

填写试剂配制表（附表2）。

2.仪器设备

填写所需仪器设备统计表（附表3）。

（三）实验操作

按照资料单中分析步骤操作。

（四）填写原始数据

蔬菜（水果）中有机氯和菊酯类农药残留含量的检测原始数据记录单

<table>
<tr><td>样品名称</td><td></td><td>样品编号</td><td colspan="3"></td></tr>
<tr><td>检测地点</td><td></td><td>检测项目</td><td></td><td>检测依据</td><td></td></tr>
<tr><td>仪器名称</td><td></td><td>室温（℃）</td><td></td><td>相对湿度RH（%）</td><td></td></tr>
<tr><td>仪器条件</td><td colspan="5">色谱柱______________
温度t（℃）______进样口______检测器______程序升温______
气体及流量　载气______________辅助气______
进样方式______　进样量______　分流比______</td></tr>
<tr><td>样品前处理过程
数据记录</td><td colspan="5">样品质量m（g）______和______（2个平行样）
提取液总体积V_1（mL）__________
吸取出用于检测的提取溶液体积V_2（mL）______
样品溶液定容体积V_3（mL）__________</td></tr>
<tr><td>标准物质保留时间
（min）</td><td colspan="5"></td></tr>
<tr><td>标准溶液中农药的质量
浓度ρ（mg/L）</td><td colspan="5"></td></tr>
<tr><td>标准溶中被测农药峰面
积A_s</td><td colspan="5"></td></tr>
<tr><td>样品的保留时间（min）</td><td colspan="3"></td><td colspan="2"></td></tr>
<tr><td>样品溶液中被测农药的
峰面积A</td><td colspan="3"></td><td colspan="2"></td></tr>
<tr><td>样品中农残含量w（mg/
kg）</td><td colspan="3"></td><td colspan="2"></td></tr>
<tr><td>$\overline{w}$（mg/kg）</td><td colspan="5"></td></tr>
<tr><td>相对相差（%）</td><td colspan="5"></td></tr>
</table>

续表

检测结果分析	定性： 定量：
结果安全性评价	是否超标：□是　□否 判断依据：
检验人：	校核人：

三、考核评价

蔬菜（水果）中一种有机氯、拟除虫菊酯类农药残留检测（气相色谱单柱法）考核评分标准

技能操作三　谷物中一种有机磷类农药残留检测（气相色谱单柱法）

资料单

一、原理

样品中有机磷类农药用乙腈提取，提取溶液经过滤、浓缩后，用丙酮定容，注入气相色谱仪，农药组分经毛细管柱分离，用火焰光度检测器（FPD）检测，保留时间定性、外标法定量。

本操作参考NY 761—2008《蔬菜和水果中有机磷、有机氯、拟除虫菊酯和氨基甲酸酯类农药多残留的测定》和GB 23200.116—2019《食品安全国家标准　植物源性食品中90种有机磷类农药及其代谢物残留量的测定　气相色谱法》。

二、试剂和材料

除非另作说明，在分析中仅使用确认为分析纯的试剂和GB/T 6682—2008中规定的二级及以上的水。

（1）乙腈（CH_3CN）。

（2）丙酮（C_3H_6O）：色谱纯。

（3）氯化钠（NaCl）：140℃烘烤4h。

（4）铝箔。

（5）微孔滤膜（有机相）：0.22μm × 25 mm。

（6）单个农药标准溶液：准确称取一定量（精确至0.1mg）有机磷类农药标准品，用丙酮稀释，配制成1000mg/L，贮存在-18℃以下的冰箱中。使用时根据各农药在对应检测器上的响应值，准确吸取适量的标准储备液，用丙酮稀释配制成所需的标准工作液。建议选用回收率较高的有机磷农药，如毒死蜱、马拉硫磷、水胺硫磷等。

三、仪器和设备

（1）气相色谱仪：带火焰光度检测器（FPD），毛细管进样口。

（2）分析天平：感量0.1mg、0.01g。

（3）食品加工器或组织捣碎机。

（4）涡旋振荡器。

（5）氮吹仪，可控温。

四、分析步骤

1.样品制备

取谷类样品500g，粉碎后使用其全部通过425μm的标准网筛，放入聚乙烯瓶或袋中。将样品按照测试、备用两份分别存放，于-20~-16℃条件下保存。

2.提取、净化

称取10.00g（精确到0.01g）样品于150mL具塞锥形瓶中，加入20mL水浸润30min，加入50.00mL乙腈，在振荡器上以转速为200r/min振荡30min，提取液过滤至装有5~7g氯化钠的100mL具塞量筒中，盖上盖子，剧烈振荡1min，在室温下静置30min，使乙腈相和水相分层，注意振荡过程中要定期打开塞子排气。

3.浓缩

准确吸取10.00mL上清液于100mL烧杯中，于80℃水浴中氮吹蒸发近干，加入2mL丙酮溶解残余物，盖上铝箔备用。

将上述溶液完全移至10mL刻度试管中，再用5mL丙酮分三次冲洗烧杯，收集淋洗液于刻度试管中，于50℃水浴中氮吹蒸发近干，准确加入2.00mL丙酮，涡旋震荡0.5min，用微孔滤膜过滤，待测。

4.测定

（1）仪器参考条件

①色谱柱：（14% 氰丙基-苯基）-甲基聚硅氧烷色谱柱（HP-1701）30m × 0.32mm ×

0.25μm或相当者。

②进样口温度：200℃。

③检测器温度：230℃。

④色谱柱温度：100℃（保持0.5min），以15℃/min升至220℃，保持2min。

⑤进样方式：不分流进样。

⑥载气：氮气，纯度≥99.999%，流速为1.2mL/min。

⑦燃气：氢气，纯度≥ 99.999%，流速为75mL/min。

⑧助燃气：空气，流速为100mL/min。

（2）色谱分析 分别吸取1.0μL标准工作液和净化后的样品溶液注入色谱仪中，以保留时间定性，以样品溶液峰面积与标准溶液峰面积比较定量。

五、结果分析

1.定性分析

测得样品溶液中未知组分的保留时间（RT）分别与标准溶液在同一色谱的保留时间（RT）相比较，如果样品溶液中某组分的保留时间与标准溶液农药保留时间相差在±0.05min可认定为该农药。

2.定量结果计算

样品中被测农药残留量以质量分数w计，单位为mg/kg，按下式计算：

$$w=\frac{V_1 \times A \times V_3}{V_2 \times A_s \times m} \times \rho$$

式中 w——样品中被测农药残留量，mg/kg；

ρ——标准溶液中农药的浓度，mg/L；

A——样品溶液中被测农药的峰面积；

A_s——农药标准溶液中被测农药的峰面积；

V_1——提取溶剂总体积，mL；

V_2——吸取出用于检测的提取溶液体积，mL；

V_3——样品溶液定容体积，mL；

m——样品质量，g。

计算结果以重复性条件下获得的2 次独立测定结果的算术平均值表示，保留2位有效数字。当结果超过1mg/kg时，保留3位有效数字。

六、精密度

在重复性条件下获得的两次独立测定结果的绝对差值不得超过算术平均值的20%，即相对相差<20%，相对相差保留小数点后2位。

任务单

一、任务要求

采用气相色谱法完成样品中一种有机磷类农药残留含量的测定，掌握样品制备、提取、净化方法，会进行标准储备液、标准工作液的配制，能规范熟练操作气相色谱仪，能利用气相色谱仪对样品及标准溶液中农药进行检测，能准确计算样品中农药残留的含量。

二、任务实施

（一）分组讨论，制订工作方案、确定人员分工

填写方案设计表（附表1）。

（二）试剂配制、仪器设备的准备

1.试剂配制

填写试剂配制表（附表2）。

2.仪器设备

填写所需仪器设备统计表（附表3）。

（三）实验操作

按照资料单中分析步骤操作。

（四）填写原始数据

谷物中有机磷类农药残留含量的检测原始数据记录单

样品名称		样品编号			
检测地点		检测项目		检测依据	
仪器名称		室温（℃）		相对湿度RH（%）	
仪器条件	色谱柱________________________ 温度t（℃）______进样口______检测器______程序升温______ 气体及流量　载气______辅助气______ 进样方式______　进样量______　分流比______				

续表

样品前处理过程数据记录	样品质量m（g）_______和_______（2个平行样） 提取液总体积V_1（mL）_______ 吸取出用于检测的提取溶液体积V_2（mL）_______ 样品溶液定容体积V_3（mL）_______	
标准物质保留时间（min）		
标准溶液中农药的质量浓度ρ（mg/L）		
标准溶中被测农药峰面积A_s		
样品的保留时间（min）		
样品溶液中被测农药的峰面积A		
样品中农残含量w（mg/kg）		
$\overline{w}$（mg/kg）		
相对相差（%）		
检测结果	定性： 定量：	
结果安全性评价	是否超标：□是　□否 判断依据：	
检验人：	校核人：	

三、考核评价

谷物中一种有机磷类农药残留检测（气相色谱单柱法）考核评分标准

农药残留检测安全评价知识点在线测试

考核项目三 兽药残留检测安全评价

技能操作一 畜禽肉中氟喹诺酮类兽药残留检测（高效液相色谱法）

资料单

一、原理

用磷酸盐缓冲溶液提取样品中的药物，C_{18}柱净化，流动相洗脱。以磷酸–乙腈为流动相，用高效液相色谱–荧光检测法测定，外标法定量。

本操作参考农业部1025号公告—14—2008《动物性食品中氟喹诺酮类药物残留检测 高效液相色谱法》。

二、试剂和材料

以下所用的试剂，除特别注明者外均为分析纯试剂；水为符合GB/T 6682—2008规定的二级水。

（1）达氟沙星：含达氟沙星（$C_{19}H_{20}FN_3O_3$）不得少于99.0%。

（2）恩诺沙星：含恩诺沙星（$C_{19}H_{22}FN_3O_3$）不得少于99.0%。

（3）环丙沙星：含环丙沙星（$C_{17}H_{28}FN_3O_3$）不得少于99.0%。

（4）沙拉沙星：含沙拉沙星（$C_{20}H_{17}F_2N_2O_3$）不得少于99.0%。

（5）磷酸。

（6）氢氧化钠。

（7）乙腈：色谱纯。

（8）甲醇。

（9）三乙胺。

（10）磷酸二氢钾。

（11）5.0mol/L氢氧化钠溶液：取氢氧化钠饱和液28mL，加水稀释100mL。

（12）0.03mol/L氢氧化钠溶液：取5.0mol/L氢氧化钠液0.6mL，加水稀释至100mL。

（13）0.05mol/L磷酸/三乙胺溶液：取浓磷酸3.4mL，用水稀释至1000mL，用三乙胺调pH至2.4。

（14）磷酸盐缓冲溶液（用于肌肉、脂肪组织）：取磷酸二氢钾6.8g，加水使溶解并稀释至500mL，用5.0mol/L氢氧化钠溶液调节pH至7.0。

（15）磷酸盐溶液（用于肝脏、肾脏组织）：取磷酸二氢钾6.8g，加水溶解并稀释至500mL，pH为4.0～5.0。

（16）达氟沙星、恩诺沙星、环丙沙星和沙拉沙星标准储备液：分别取达氟沙星对照品约10mg，恩诺沙星、环丙沙星和沙拉沙星对照品各约50mg，精密称定，用0.03mol/L氢氧化钠溶液溶解并稀释成浓度为0.2mg/mL（达氟沙星）和1mg/mL（恩诺沙星、环丙沙星、沙拉沙星）的标准储备液。置于2～8℃冰箱中保存，有效期为3个月。

（17）达氟沙星、恩诺沙星、环丙沙星和沙拉沙星标准工作液：准确量取适量标准储备液用乙腈稀释成适宜浓度的达氟沙星、恩诺沙星、环丙沙星和沙拉沙星标准工作液，置于2～8℃冰箱中保存，有效期为1周。

三、仪器和设备

（1）高效液相色谱仪（配荧光检测器）。

（2）天平：感量0.01g。

（3）分析天平：感量0.00001g。

（4）振荡器。

（5）组织匀浆机。

（6）离心机。

（7）匀浆杯：30mL。

（8）离心管：50mL。

（9）固相萃取柱：Varian BondElut® Cis柱（100mg/mL）（提及公司的信息及标识。除非做了说明，并不意味推荐使用该公司的产品）。

（10）微孔滤膜（0.45μm）。

四、样品的制备与保存

1.样品的制备

取适量新鲜或冷冻的空白或者供试组织，绞碎并使均匀。

（1）取绞碎后的供试组织，作为供试样品。

（2）取绞碎后的空白组织，作为空白样品。

（3）取绞碎后空白组织，添加适宜浓度的对照溶液，作为空白添加样品。

2.样品的保存

制备好的样品放于−20℃以下温度的冰箱中贮存，备用。

五、分析步骤

1.提取

取2g±0.05g样品，置于30mL匀浆杯中，加磷酸盐缓冲溶液10.0mL，10000r/min匀浆1min。匀浆液转入离心管中，中速振荡5min，离心（肌肉、脂肪10000r/min 5min；肝、肾15000r/min 10min），取上清液，待用。用磷酸盐缓冲溶液10.0mL洗刀头及匀浆杯，转入离心管，洗残渣，混匀，中速振荡 5min，离心（肌肉、脂肪10000r/min 5min；肝、肾15000r/min 10min）。合并两次上清液，混匀，备用。

2.净化

固相萃取柱先依次用甲醇、磷酸盐缓冲溶液各2mL预洗。取上清液5.0mL过柱，用水1mL淋洗，挤干，用流动相1.0mL洗脱，挤干，收集洗脱液，经滤膜过滤后作为样品溶液，供高效液相色谱法测定。

3.标准曲线的制备

准确量取适量达氟沙星、恩诺沙星、环丙沙星和沙拉沙星标准工作液，用流动相稀释成浓度分别为0.005，0.01，0.05，0.1，0.3，0.5μg/mL的对照溶液，供高效液相色谱分析。

4.测定

（1）色谱条件

①色谱柱：C_{18} 250mm × 4.6mm（i.d），粒径5μm，或相当者。

②流动相：0.05mol/L麟酸溶液/三乙胺–乙腈（82+18，*V*/*V*），使用前经微孔滤膜过滤。

③流速：0.8mL/min。

④检测波长：激发波长280nm；发射波长450nm。

⑤柱温：室温。

⑥进样量：20μL。

（2）测定方法　取样品溶液和相应的对照溶液，做单点或多点校准，按外标法以峰面积计算。对照溶液及样品溶液中达氟沙星、恩诺沙星、环丙沙星和沙拉沙星响应值均应在仪器检测的线性范围之内。在上述色谱条件下，对照溶液和样品溶液的高效液相色谱图见图 1 和图2。

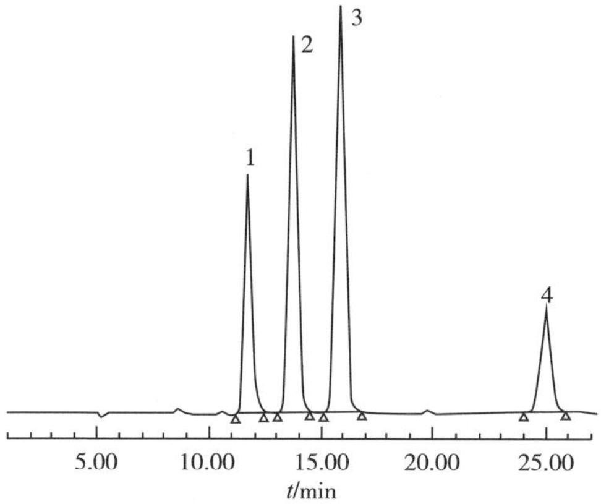

图 1　氟喹诺酮类药物对照溶液色谱图

1—环丙沙星　2—达氟沙星　3—恩诺沙尾　4—沙拉沙星

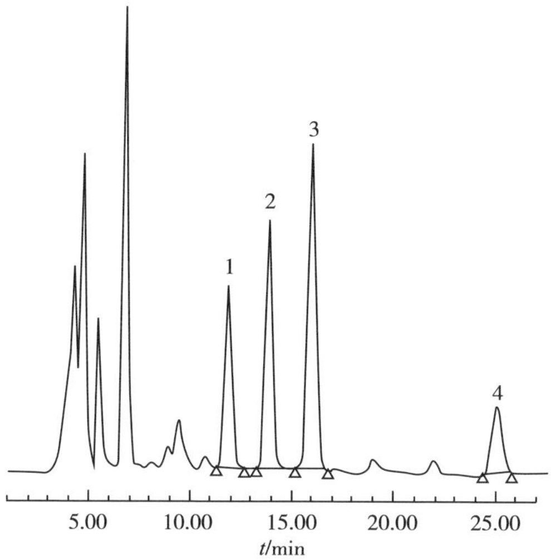

图2　猪肝脏组织中氟喹诺酮类药物色谱图

1—环丙沙星　2—达氟沙星　3—恩诺沙星　4—沙拉沙星

5.空白实验

除不加样品外，空白实验采用完全相同的测定步骤进行平行操作。

六、结果分析

样品中达氟沙星、恩诺沙星、环丙沙星或沙拉沙星的残留量含量按下式进行计算：

$$X=\frac{eV_1V_3\times1000}{V_2m}$$

式中　X——试料中达氟沙星、恩诺沙星、环丙沙星或沙拉沙星的残留量，ng/g；

e——进样液中相应药物的浓度，μg/mL；

V_1——提取用磷酸盐缓冲液的总体积，mL；

V_2——过C_{18}固相萃取柱净化所使用的备用液体积，mL；

V_3——洗脱用流动相体积，mL；

m——供试样品的质量，g。

计算结果需扣除空白值，测定结果用平行测定的算术平均值表示，保留三位有效数字。

七、检测方法灵敏度、准确度、精密度

1.灵敏度

达氟沙星、恩诺沙星、环丙沙星和沙拉沙星在鸡和猪的肌肉、脂肪、肝脏及肾脏

组织中的检测限为20μg/kg。

2.准确度

本方法在20～500μg/kg添加浓度的回收率为60%～100%。

3.精密度

本方法的批内变异系数≤15%，批间变异系数≤20%。

任务单

一、任务要求

采用高效液相色谱法完成样品中氟喹诺酮类药物残留含量的测定，掌握样品制备、提取、净化方法，会进行标准溶液、标准使用液的配制，能规范熟练操作样品前处理设备与高效液相色谱仪，能利用高效液相色谱仪对样品及标准溶液中氟喹诺酮类药物进行检测，能准确计算样品中氟喹诺酮类药物的含量。

二、任务实施

（一）分组讨论，制订工作方案、确定人员分工

填写方案设计表（附表1）。

（二）试剂配制、仪器设备的准备

1.试剂配制

填写试剂溶液配制表（附表2）。

2.仪器设备

填写仪器设备统计表（附表3）。

（三）实验操作

按照资料单中分析步骤操作。

（四）填写原始数据

高效液相色谱仪单项药物残留检测原始记录表

检测项目		方法依据	
方法检出限		环境条件	℃　　%RH

续表

仪器条件	仪器名称： 色 谱 柱： 柱 温：　　　　　进样量： 检测器及参数： 流动相条件：				
样品名称		样品编号		样品状态	
检验编号					
样品质量m（　）					
提取液总体积 V_1（　）					
使用液体积 V_2（　）					
洗脱液体积 V_3（　）					
进样液药物浓度e（　）					
样品药物残留量$\overline{X}$（　）					
结果平均值$\overline{X}$（ ）					
相对误差					
允许误差					
标准曲线	浓度水平点： 线性方程：　　R^2：				
计算公式：					
安全评价结果					
检测人		校核人		审核人	
日期		日期		日期	

三、考核评价

畜禽肉中氟喹诺酮类兽药残留检测（高效液相色谱法）考核评分标准

技能操作二 畜禽肉中磺胺类兽药残留检测（高效液相色谱法）

资料单

一、原理

试料中残留的磺胺类药物，用乙酸乙酯提取，0.1mol/L盐酸溶液转换溶剂，正己烷除脂，MCX柱净化，高效液相色谱-紫外检测法测定，外标法定量。

二、试剂和材料

以下所用试剂，除特殊注明外均为分析纯试剂，水为符合GB/T 6682—2008规定的一级水。

（1）可测磺胺类药物，磺胺醋酰、磺胺吡啶、磺胺甲氧哒嗪、苯酰磺胺、磺胺间甲氧嘧啶、磺胺氯哒嗪、磺胺甲噁唑、磺胺异噁唑、磺胺二甲氧哒嗪、磺胺吡唑对照品：含量≥99%；磺胺噁唑、磺胺甲基嘧啶、磺胺二甲基嘧啶：含量≥98%。

（2）乙酸乙酯：色谱纯。

（3）乙腈：色谱纯。

（4）甲醇：色谱纯。

（5）盐酸。

（6）正己烷。

（7）甲酸：色谱纯。

（8）氨水。

（9）MCX柱：60mg/3mL，或相当者。

（10）0.1%甲酸溶液：取甲酸1mL，用水溶解并稀释至1000mL。

（11）0.1%甲酸乙腈溶液：取0.1%甲酸830mL，用乙腈溶解并稀释至1000mL。

（12）洗脱液：取氨水5mL，用甲醇溶解并稀释至100mL。

（13）0.1mol/L盐酸溶液：取盐酸0.83mL，用水溶解并稀释至100mL。

（14）50%甲醇乙腈溶液：取甲醇50mL，用乙腈溶解并稀释至100mL。

（15）100μg/mL磺胺类药物混合标准储备液：精密称取磺胺类药物标准品各10mg，于100mL量瓶中，用乙腈溶解并稀释至刻度，配制成浓度为100μg/mL的磺胺类药物混合标准储备液，于-20℃以下保存，有效期6个月。

（16）10μg/mL磺胺类药物混合标准工作液：精密量取100μg/mL磺胺类药物混合标准储备液 5.0mL，于50mL量瓶中，用乙腈稀释至刻度，配制成浓度为10μg/mL的磺胺类药物混合标准工作液，于-20℃以下保存，有效期6个月。

三、仪器和设备

（1）高效液相色谱仪：配紫外检测器或二极管阵列检测器。
（2）分析天平：感量0.00001g。
（3）天平：感量0.01g。
（4）涡动仪。
（5）离心机。
（6）均质机。
（7）旋转蒸发仪。
（8）氮吹仪。
（9）固相萃取装置。
（10）鸡心瓶：100mL。
（11）聚四氟乙烯离心管：50mL。
（12）滤膜：有机相，0.22μm。

四、试料的制备与保存

1.样品的制备

取适量新鲜或解冻的空白组织或供试组织，绞碎并均质。
（1）取均质后的供试组织作为供试样品。
（2）取均质后的空白组织作为空白样品。
（3）取均质后的空白组织添加适宜浓度的标准工作液，作为空白添加样品。

2.样品的保存

样品应于-20℃以下保存。

五、测定步骤

1.提取

称取样品5g ± 0.05g，于50mL聚四氟乙烯离心管中，加乙酸乙酯20mL，涡动2min，4000r/min 离心5min，取上清液于100mL鸡心瓶中，残渣中加乙酸乙酯20mL，重复提取一次，合并两次提取液。

2.净化

鸡心瓶中加0.1mol/L盐酸溶液4mL，于40℃下旋转蒸发浓缩至少于3mL，转至10mL离心管中。用0.1mol/L盐酸溶液2mL洗鸡心瓶，转至同一离心管中。再用正己烷

3mL洗鸡心瓶，将正己烷转至同一离心管中，涡旋混合30s，3000r/min离心5min，弃去正己烷。再次用正己烷3mL洗鸡心瓶，转全同一离心管中，涡旋混合30s，3000r/min离心5min，弃去正己烷，取下层液备用。

MCX柱依次用甲醇2mL和0.1mol/L盐酸溶液2mL活化，取备用液过柱，控制流速1mL/min。依次用0.1mol/L盐酸溶液1mL和50%甲醇乙腈溶液2mL淋洗，用洗脱液4mL洗脱，收集洗脱液，于40℃氮气吹干，加0.1%甲酸乙腈溶液1.0mL溶解残余物，滤膜过滤，供高效液相色谱测定。

3.标准曲线绘制

精密量取10μg/mL磺胺类药物混合标准工作液适量，用0.1%甲酸乙腈溶液稀释，配制成浓度为10，50，100，250，500，2500，5000μg/L的系列混合标准溶液，供高效液相色谱测定，以测得峰面积为纵坐标，对应的标准溶液浓度为横坐标，绘制标准曲线，求回归方程和相关系数。

4.测定

（1）液相色谱参考条件

①色谱柱：ODS-3C_{18}（250mm×4.5mm，粒径5μm），或相当者。

②流动相：0.1%甲酸+乙腈，梯度洗脱见表1。

③流速：1mL/min。

④柱温：30℃。

⑤检测波长：270nm。

⑥进样体积：100μL。

表1 流动相梯度洗脱条件

时间/min	0.1%甲酸/%	乙腈/%
0.0	83	17
5.0	83	17
10.0	80	20
22.3	60	40
22.4	10	90
30.0	10	90
31.0	83	17
48.0	83	17

（2）测定方法

取样品溶液和相应的空白样品，做单点或多点校准，按外标法，以峰面积计算。空白样品及样品溶液中磺胺类药物响应值应在仪器检测的线性范围之内。在上述色谱条件下，空白样品和样品溶液的高效液相色谱图见图 1 。

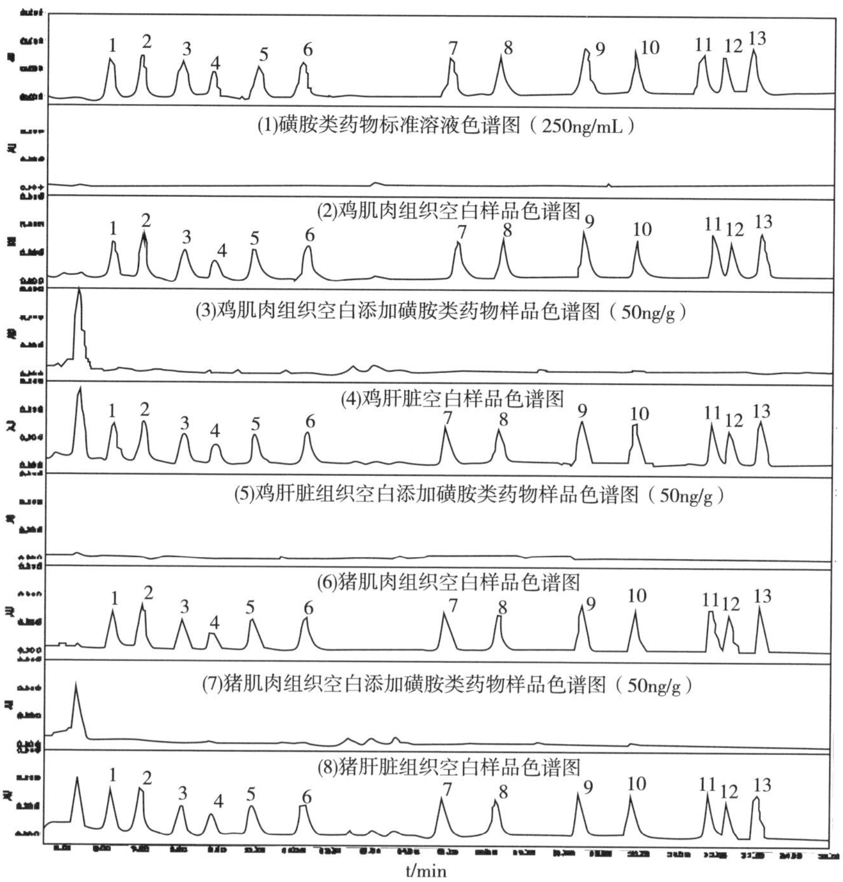

图 1　磺胺类兽药残留色谱图

1—磺胺醋酰　2—磺胺吡啶　3—磺胺噻唑　4—磺胺甲基嘧啶　5—磺胺二甲基嘧啶　6—磺胺甲氧哒嗪　7—苯酰磺胺　8—磺胺间甲氧嘧啶　9—磺胺氯哒嗪　10—磺胺甲噁唑　11—磺胺异噁唑　12—磺胺二甲氧哒嗪　13—磺胺吡唑

5.空白实验

除不加样品外，采用完全相同的步骤进行平行操作。

六、结果计算和表述

样品中磺胺类药物的残留量按下式进行计算：

$$X=\frac{Vc}{m}$$

式中　X——供试样品中相应的磺胺类药物的残留量，μg/kg；

c——样品溶液中相应的磺胺类药物浓度，μg/mL；

V——溶解残余物所用0.1%甲酸乙腈溶液体积，mL；

m——供试样品质量，kg。

计算结果需扣除空白值，测定结果用平行测定后的算术平均值表示，保留三位有效数字。

七、检测方法灵敏度、准确度和精密度

1.灵敏度

本方法猪和鸡的肌肉组织的检测限为5μg/kg，定量限为10μg/kg；猪和鸡的肝脏组织的检测限为12μg/kg，定量限为 25μg/kg。

2.准确度

本方法肌肉组织在10～200μg/kg、肝脏组织在25～200μg/kg浓度添加水平上的回收率为60%～120%。

3.精密度

本方法的批内相对标准偏差≤15%，批间相对标准偏差≤20%。

任务单

一、任务要求

采用高效液相色谱法完成样品中磺胺类药物残留含量的测定，掌握样品制备、提取、净化方法，会进行标准溶液、标准使用液的配制，能规范熟练操作样品前处理设备与高效液相色谱仪，能利用高效液相色谱仪对样品及标准溶液中磺胺类药物进行检测，能准确计算样品中磺胺类药物的含量。

二、任务实施

（一）分组讨论，制订工作方案、确定人员分工

填写方案设计表（附表1）。

（二）试剂配制、仪器设备的准备

1.试剂配制

填写试剂溶液配制表（附表2）。

2.仪器设备

填写仪器设备统计表（附表3）。

（三）实验操作

按照资料单中测定步骤操作。

（四）填写原始数据

高效液相色谱仪单项药物残留检测原始记录表

检测项目		方法依据			
方法检出限		环境条件	℃　　%RH		
仪器条件	仪器名称： 色 谱 柱： 柱 温：　　　　　进样量： 检测器及参数： 流动相条件：				
样品名称		样品编号		样品状态	
检验编号					
样品质量m（　）					
提取液总体积V_1（　）					
使用液体积V_2（　）					
洗脱液体积V_3（　）					
进样液药物浓度c（　）					
样品药物残留量X（　）					
结果平均值$\bar{X}$（　）					
相对误差					
允许误差					
标准曲线	浓度水平点： 线性方程：　　R^2：				
计算公式					
安全评价结果					
检测人		校核人		审核人	
日期		日期		日期	

三、考核评价

畜禽肉中磺胺类兽药残留检测（高效液相色谱法）考核评分标准

技能操作三 畜禽肉中己烯雌酚兽药残留检测（高效液相色谱法）

资料单

一、原理

样品匀浆后，经甲醇提取过滤，注入HPLC柱中，经紫外检测器鉴定。于波长230nm处测定吸光度，同条件下绘制工作曲线，己烯雌酚含量与吸光度值在一定浓度范围内成正比，样品与工作曲线比较定量。

本操作参考GB/T 5009.108—2003《畜禽肉中己烯雌酚的测定》。

二、试剂和材料

以下所用的试剂，除特别注明者外均为分析纯试剂；水为符合GB/T 6682—2008规定的二级水。

（1）甲醇。

（2）0.043mol/L磷酸二氢钠（NaH_2PO_4-$2H_2O$）：取1g磷酸二氢钠溶于水成500mL。

（3）磷酸。

（4）己烯雌酚（DES）标准溶液：精密称取100mg己烯雌酚（DES）溶于甲醇，移入100mL容量瓶中，加甲醇至刻度，混匀，每毫升含DES 1.0mg，贮于冰箱中。

（5）己烯雌酚（DES）标准使用液：吸取10.00mL DES储备液，移入100mL容量瓶中，加甲醇至刻度，混匀，每毫升含DES 100μg。

三、仪器和设备

（1）高效液相色谱仪，具紫外检测器。
（2）小型绞肉机。
（3）小型粉碎机。
（4）电动振荡机。
（5）离心机。

四、样品的制备与保存

1.样品的制备

取适量新鲜或冷冻的空白或者供试组织，绞碎并使均匀。
（1）取绞碎后的供试组织作为供试样品；
（2）取绞碎后的空白组织作为空白样品；
（3）取绞碎后空白组织添加适宜浓度的对照溶液，作为空白添加样品。

2.样品的保存

制备好的样品放于−20℃以下温度的冰箱中贮存，备用。

五、测定步骤

1.提取及净化

称取5g ± 0.1g绞碎（小于5mm）肉样品，放入50mL具塞离心管中，加10.00mL甲醇，充分搅拌，振荡20min，于3000r/min离心10min，将上清液移出，残渣中再加10.00mL甲醇，混匀后振荡20min，于3000r/min离心10min，合并上清液，此时若出现混浊，需再离心10min，取上清液过0.5μm FH滤膜，备用。

2.标准曲线的制备

称取5份（每份5.0g）绞碎的肉样品，放入50mL具塞离心管中，分别加入不同浓度的标准液（6.0，12.0，18.0，24.0μg/mL）各1.0mL，同时做空白样品。其中甲醇总量为20.00mL，使其测定浓度为0.00，0.30，0.60，0.90，1.20μg/mL，按上述步骤“1.提取与净化”中处理方法提取，供高效液相色谱分析。

3.测定

（1）色谱条件

①色谱柱：CLC−ODS−C_{18}（5 μm）6.2mm × 150mm不锈钢柱，或相当者。

②流动相：甲醇+0.043mol/L磷酸二氢钠（70+30），用磷酸调pH=5（其中NaH_2PO_4−$2H_2O$水溶液需过0.45μm滤膜）。

③流速：1mL/min。

④检测参数：测定波长230nm；灵敏度：0.04AUFS。

⑤柱温：室温。

⑥进样量：20μL。

（2）测定方法　分别取样20μL，注入HPLC柱中，可测得不同浓度DES标准溶液峰面积或峰高，以DES浓度对峰面积或峰高绘制工作曲线，同时取样液20μL，注入HPLC柱中，测得的峰面积或峰高从工作曲线图中查相应含量，参考保留时间为R_t=8.235。在上述色谱条件下，己烯雌酚残留的高效液相色谱图见图 1 。

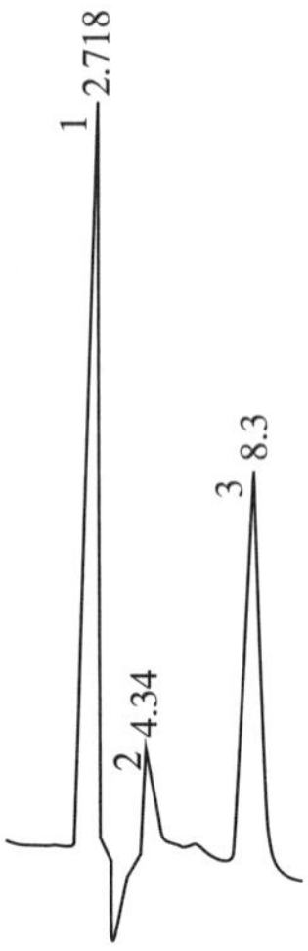

图 1　己烯雌酚残留色谱图

1—溶剂峰　2—杂质峰　3—己烯雌酚标准峰

六、结果分析

样品中己烯雌酚含量按下式进行计算：

$$X=\frac{AV_1\times1000}{V_2m}\times\frac{1000}{1000\times1000}$$

式中　X——样品中己烯雌酚含量，mg/kg；

A——进样体积中己烯雌酚含量，ng；

m——样品的质量，g；

V_2——进样体积，μL；

V_1——样品甲醇提取液总体积，mL；

1000——换算系数。

任务单

一、任务要求

采用高效液相色谱法完成样品中己烯雌酚兽药残留含量的测定，掌握样品制备、提取、净化方法，会进行标准溶液、标准使用液的配制，能规范熟练操作样品前处理设备与高效液相色谱仪，能利用高效液相色谱仪对样品及标准溶液中己烯雌酚兽药残留进行检测，能准确计算样品中己烯雌酚兽药残留的含量。

二、任务实施

（一）分组讨论，制订工作方案、确定人员分工

填写方案设计表（附表1）。

（二）试剂配制、仪器设备的准备

1.试剂配制

填写试剂溶液配制表（附表2）。

2.仪器设备

填写仪器设备统计表（附表3）。

（三）实验操作

按照资料单中测定步骤操作。

（四）填写原始数据

高效液相色谱仪单项药物残留检测原始记录表

<table>
<tr><td>检测项目</td><td colspan="2"></td><td colspan="2">方法依据</td><td colspan="2"></td></tr>
<tr><td>方法检出限</td><td colspan="2"></td><td colspan="2">环境条件</td><td colspan="2">℃　　%RH</td></tr>
<tr><td>仪器条件</td><td colspan="6">仪器名称：
色 谱 柱：
柱 温：　　　　进样量：
检测器及参数：
流动相条件：</td></tr>
<tr><td>样品名称</td><td></td><td>样品编号</td><td colspan="2"></td><td>样品状态</td><td></td></tr>
<tr><td colspan="2">检验编号</td><td></td><td colspan="2"></td><td></td><td></td></tr>
<tr><td colspan="2">样品质量m（　）</td><td></td><td colspan="2"></td><td></td><td></td></tr>
<tr><td colspan="2">提取液总体积V_1（　）</td><td></td><td colspan="2"></td><td></td><td></td></tr>
<tr><td colspan="2">使用液体积V_2（　）</td><td></td><td colspan="2"></td><td></td><td></td></tr>
<tr><td colspan="2">洗脱液体积V_3（　）</td><td></td><td colspan="2"></td><td></td><td></td></tr>
<tr><td colspan="2">进样液药物浓度c（　）</td><td></td><td colspan="2"></td><td></td><td></td></tr>
<tr><td colspan="2">样品药物残留量X（　）</td><td></td><td colspan="2"></td><td></td><td></td></tr>
<tr><td colspan="2">结果平均值$\bar{X}$（　）</td><td colspan="5"></td></tr>
<tr><td colspan="2">相对误差</td><td colspan="5"></td></tr>
<tr><td colspan="2">允许误差</td><td colspan="5"></td></tr>
</table>

续表

<table>
<tr><td colspan="2">标准曲线</td><td colspan="4">浓度水平点:
线性方程:　　　R^2:</td></tr>
<tr><td colspan="2">计算公式</td><td colspan="4"></td></tr>
<tr><td colspan="2">安全评价结果</td><td colspan="4"></td></tr>
<tr><td>检测人</td><td></td><td>校核人</td><td></td><td>审核人</td><td></td></tr>
<tr><td>日期</td><td></td><td>日期</td><td></td><td>日期</td><td></td></tr>
</table>

三、考核评价

畜禽肉中己烯雌酚兽药残留检测（高效液相色谱法）考核评分标准

兽药残留检测安全评价知识点在线测试

考核项目四 食品添加剂检测安全评价

技能操作一 食品中二氧化硫的测定

资料单

一、原理

食品中二氧化硫采用碘标准溶液滴定法测定。在密闭容器中对样品进行酸化、蒸馏，蒸馏物用乙酸铅溶液吸收。吸收后的溶液用盐酸酸化，碘标准溶液滴定，根据所消耗的碘标准溶液量计算出样品中的二氧化硫含量。

本操作参考GB 5009.34—2016《食品安全国家标准　食品中二氧化硫的测定》。

二、试剂和材料

除非另作说明，本操作所用试剂均为分析纯，水为GB/T 6682—2008规定的三级水。

（1）盐酸（HCl）。

（2）硫酸（H_2SO_4）。

（3）可溶性淀粉［（$C_6H_{10}O_5$）$_n$］。

（4）氢氧化钠（NaOH）。

（5）碳酸钠（Na_2CO_3）。

（6）乙酸铅（$C_4H_6O_4Pb$）。

（7）硫代硫酸钠（$Na_2S_2O_3 \cdot 5H_2O$）或无水硫代硫酸钠（$Na_2S_2O_3$）。

（8）碘（I_2）。

（9）碘化钾（KI）。

（10）重铬酸钾（$K_2Cr_2O_7$）：优级纯，纯度≥99%。

（11）盐酸溶液（1+1）：量取50mL盐酸，缓缓倾入50mL水中，边加边搅拌。

（12）硫酸溶液（1+9）：量取10mL硫酸，缓缓倾入90mL水中，边加边搅拌。

（13）淀粉指示液（10g/L）：称取1g可溶性淀粉，用少许水调成糊状，缓缓倾入100mL沸水中，边加边搅拌，煮沸2min，放冷备用，临用现配。

（14）乙酸铅溶液（20g/L）：称取2g乙酸铅，溶于少量水中并稀释至100mL。

（15）硫代硫酸钠标准溶液（0.1mol/L）：称取25g含结晶水的硫代硫酸钠或16g

无水硫代硫酸钠溶于1000mL新煮沸放冷的水中，加入0.4g氢氧化钠或0.2g碳酸钠，摇匀，贮存于棕色瓶内，放置两周后过滤，用重铬酸钾标准溶液标定其准确浓度，或购买有证书的硫代硫酸钠标准溶液。

（16）碘标准溶液［c（1/2 I_2）=0.10mol/L］：称取13g碘和35g碘化钾，加水约100mL，溶解后加入3滴盐酸，用水稀释至1000mL，过滤后转入棕色瓶，使用前用硫代硫酸钠标准溶液标定。

（17）重铬酸钾标准溶液［c（1/6$K_2Cr_2O_7$）=0.1000mol/L］：准确称取4.9031g已于120℃±2℃电烘箱中干燥至恒重的重铬酸钾，溶于水并转移至1000mL容量瓶中，定容至刻度，或购买有证书的重铬酸钾标准溶液。

（18）碘标准溶液［c（1/2 I_2）=0.01000mol/L］：将0.1000mol/L碘标准溶液用水稀释10倍。

三、仪器和设备

（1）天平：感量为0.1mg、1mg。

（2）全玻璃蒸馏器：500mL，或等效的蒸馏设备。

（3）酸式滴定管：25mL、50mL。

（4）剪切式粉碎机。

（5）碘量瓶：500mL。

四、分析步骤

1.样品制备

果脯、干菜、米粉类、粉条和食用菌适当剪成小块，再用剪切式粉碎机剪碎，搅均匀，备用。

2.样品蒸馏

称取5g均匀样品（精确至0.001g，取样量可视含量高低而定），液体样品可直接吸取5.00~10.00mL，置于蒸馏烧瓶中，加入250mL水，装上冷凝装置，冷凝管下端插入预先备有25mL乙酸铅吸收液的碘量瓶的液面下，然后在蒸馏瓶中加入10mL盐酸溶液，立即盖塞，加热蒸馏。当蒸馏液约200mL时，使冷凝管下端离开液面，再蒸馏1min，用少量蒸馏水冲洗插入乙酸铅溶液的装置部分，同时做空白实验。

3.滴定

向取下的碘量瓶中依次加入10mL盐酸、1mL淀粉指示液，摇匀之后用碘标准溶液滴定至溶液颜色变蓝且30s内不褪色为止，记录消耗的碘标准滴定溶液体积。

五、结果分析

样品中二氧化硫的含量按下式进行计算：

$$X=\frac{(V-V_0)\times 0.032\times c\times 1000}{m}$$

式中 X——样品中的二氧化硫总含量（以SO_2计），g/kg或g/L；

V——滴定样品所用的碘标准溶液体积，mL；

V_0——空白实验所用的碘标准溶液体积，mL；

0.032——1mL碘标准溶液［c（1/2 I_2）=1.0mol/L］相当于二氧化硫的质量，g；

c——碘标准溶液浓度，mol/L；

m——样品质量或体积，g或mL。

计算结果以重复性条件下获得的两次独立测定结果的算术平均值表示，当二氧化硫含量≥1g/kg（或g/L）时，结果保留三位有效数字；当二氧化硫含量<1g/kg（或g/L）时，结果保留两位有效数字。

六、精密度

在重复性条件下获得的两次独立测试结果的绝对差值不得超过算术平均值的10%。

任务单

一、任务要求

采用碘标准溶液滴定法完成样品中二氧化硫含量的测定，掌握样品制备、样品蒸馏方法，会进行标准溶液的配制与标定，能规范熟练进行滴定操作，能利用碘标准溶液对样品中二氧化硫进行检测，能准确计算样品中二氧化硫的含量。

二、任务实施

（一）分组讨论，制订工作方案、确定人员分工

填写方案设计表（附表1）。

（二）试剂配制、仪器设备的准备

1.试剂配制

填写试剂配制表（附表2）。

2.仪器设备

填写所需仪器设备统计表（附表3）。

（三）实验操作

按照资料单中分析步骤操作。

（四）填写原始数据

食品中二氧化硫含量的检测原始数据记录单

<table>
<tr><td>样品名称</td><td></td><td>样品编号</td><td colspan="2"></td><td>检测项目</td><td colspan="2"></td></tr>
<tr><td>检测依据</td><td></td><td>仪器名称</td><td colspan="2"></td><td>检测器名称</td><td colspan="2"></td></tr>
<tr><td>检测地点</td><td></td><td>室温（℃）</td><td colspan="2"></td><td>相对湿度RH（%）</td><td colspan="2"></td></tr>
<tr><td>样品质量（g）</td><td colspan="2"></td><td colspan="2">样品体积（mL）</td><td colspan="3"></td></tr>
<tr><td rowspan="4">分析数据</td><td colspan="3">序号</td><td colspan="3">1</td><td>2</td></tr>
<tr><td colspan="3">碘标准溶液浓度c（mol/L）</td><td colspan="4"></td></tr>
<tr><td colspan="3">滴定样品所用的碘标准溶液体积V（mL）</td><td colspan="3"></td><td></td></tr>
<tr><td colspan="3">空白实验所用的碘标准溶液体积V_0（mL）</td><td colspan="4"></td></tr>
<tr><td>计算公式</td><td colspan="7"></td></tr>
<tr><td>样品中二氧化硫含量（g/kg或g/L）</td><td colspan="7">注：当二氧化硫含量≥1g/kg（或g/L）时，结果保留三位有效数字；当二氧化硫含量＜1g/kg（或g/L）时，结果保留两位有效数字</td></tr>
<tr><td>安全评价结果</td><td colspan="7"></td></tr>
</table>

检验人:　　　　　　　　　　校核人:

三、考核评价

食品中二氧化硫的测定考核评分标准

技能操作二　食品中亚硝酸盐的测定（分光光度法）

资料单

一、原理

食品中亚硝酸盐采用盐酸萘乙二胺法测定。样品经沉淀蛋白质、除去脂肪后，在弱酸条件下使亚硝酸盐与对氨基苯磺酸重氮化后，再与盐酸萘乙二胺偶合形成紫红色染料，外标法测得亚硝酸盐含量。

本操作参考GB 5009.33—2016《食品安全国家标准　食品中亚硝酸盐与硝酸盐的测定》。

二、试剂和材料

除非另作规定，本操作所用试剂均为分析纯。水为GB/T 6682—2008规定的二级水或去离子水。

（1）亚铁氰化钾［$K_4Fe(CN)_6 \cdot 3H_2O$］。

（2）乙酸锌［$Zn(CH_3COO)_2 \cdot 2H_2O$］。

（3）冰乙酸（CH_3COOH）。

（4）硼酸钠（$Na_2B_4O_7 \cdot 10H_2O$）。

（5）盐酸（HCl，ρ =1.19g/mL）。

（6）对氨基苯磺酸（$C_6H_7NO_3S$）。

（7）盐酸萘乙二胺（$C_{12}H_{14}N_2 \cdot 2HCl$）。

（8）亚硝酸钠（$NaNO_2$）：基准试剂，或采用具有标准物质证书的亚硝酸盐标准溶液。

（9）亚铁氰化钾溶液（106g/L）：称取106.0g亚铁氰化钾，用水溶解，并稀释至1000mL。

（10）乙酸锌溶液（220g/L）：称取220.0g乙酸锌，先加30mL冰乙酸溶解，用水稀释至1000mL。

（11）饱和硼砂溶液（50g/L）：称取5.0g硼酸钠，溶于100mL热水中，冷却后备用。

（12）盐酸（20%）：量取20mL盐酸，用水稀释至100mL。

（13）对氨基苯磺酸溶液（4g/L）：称取0.4 g 对氨基苯磺酸，溶于100mL 20%盐酸中，置于棕色瓶中混匀，避光保存。

（14）盐酸萘乙二胺溶液（2g/L）：称取0.2g 盐酸萘乙二胺，溶于100mL水中，混匀后，置于棕色瓶中，避光保存。

（15）乙酸溶液（3%）：量取冰乙酸3mL于100mL容量瓶中，以水稀释至刻度，混匀。

（16）亚硝酸钠标准溶液（200μg/mL）：准确称取0.1000 g 于110 ~ 120℃干燥恒重的亚硝酸钠，加水溶解移入 500mL容量瓶中，加水稀释至刻度，混匀。

（17）亚硝酸钠标准使用液（5.0μg/mL）：临用前，吸取亚硝酸钠标准溶液5.00mL，置于200mL容量瓶中，加水稀释至刻度。

三、仪器和设备

（1）天平：感量为0.1mg、1mg。

（2）组织捣碎机。

（3）超声波清洗器。

（4）恒温干燥箱。

（5）分光光度计。

四、分析步骤

1.样品预处理

（1）新鲜蔬菜、水果　将样品用去离子水洗净，晾干后，取可食部切碎混匀。将切碎的样品用四分法取适量，用食物粉碎机制成匀浆备用，如需加水应记录加水量。

（2）粮食及其他植物样品　除去可见杂质后，取有代表性样品50~100g，粉碎后，过0.30 mm孔筛，混匀，备用。

（3）肉类、蛋、水产及其制品　用四分法取适量或取全部，用食物粉碎机制成匀浆备用。

（4）乳粉、豆乳粉、婴儿配方粉等固态乳制品（不包括干酪）　将样品装入能够容纳2倍样品体积的带盖容器中，通过反复摇晃和颠倒容器使样品充分混匀直到使样品均一化。

（5）发酵乳、乳、炼乳及其他液体乳制品　通过搅拌或反复摇晃和颠倒容器使样品充分混匀。

（6）干酪　取适量的样品研磨成均匀的泥浆状。为避免水分损失，研磨过程中避免产生过多的热量。

2.提取

称取5 g（精确至0.001g）已制好的样品（如制备过程中加水，应按加水量折算），置于250mL具塞锥形瓶中，加12.5mL（50g/L）饱和硼砂溶液，加入70℃左右的水约150mL，混匀，于沸水浴中加热15min，取出置于冷水浴中冷却，并放置至室温。

若为干酪样品，称取样品2.5g（精确至0.001g），置于150mL具塞锥形瓶中，加水80mL，摇匀，超声，定量转移至100mL容量瓶中，加入3%乙酸溶液2mL，加水稀释至刻度，混匀，于4℃放置20min，取出放置至室温，溶液经滤纸过滤，滤液备用。

3.净化

定量转移上述提取液至250mL容量瓶中，加入5mL亚铁氰化钾溶液（106g/L），摇匀，再加入5mL乙酸锌溶液（220g/L），以沉淀蛋白质。加水至刻度，摇匀，放置30min，除去上层脂肪，上清液用滤纸过滤，弃去初滤液30mL，滤液备用。

4.亚硝酸盐的测定

吸取40.0mL 上述滤液于50mL带塞比色管中，另吸取0.00，0.20，0.40，0.60，0.80，1.00，1.50，2.00，2.50mL亚硝酸钠标准使用液（相当于0.0，1.0，2.0，3.0，4.0，5.0，7.5，10.0，12.5μg亚硝酸钠），分别置于50mL带塞比色管中。于标准管与样品管中分别加入2mL对氨基苯磺酸溶液（4g/L），混匀，静置3～5min 后各加入1mL盐酸萘乙二胺溶液（2g/L），加水至刻度，混匀，静置15min，用1cm比色杯，以零管调节零点，于波长 538nm 处测吸光度，绘制标准曲线比较，同时做空白实验。

五、结果分析

样品中亚硝酸盐（以亚硝酸钠计）的含量按下式进行计算：

$$X_1=\frac{m_2\times1000}{m_3\times\frac{V_1}{V_0}\times1000}$$

式中　X_1——样品中亚硝酸钠的含量，mg/kg；

m_2——测定用样液中亚硝酸钠的质量，μg；

1000——转换系数；

m_3——样品质量，g；

V_1——测定用样液体积，mL；

V_0——样品处理液总体积，mL。

结果保留2位有效数字。

六、精密度

在重复性条件下获得的两次独立测定结果的绝对差值不得超过算术平均值的10%。

任务单

一、任务要求

采用分光光度法完成样品中亚硝酸盐含量的测定，掌握样品制备、提取、净化方法，会进行标准溶液、标准使用液的配制，能规范熟练操作可见分光光度计，能利用分光光度计对样品及标准溶液中亚硝酸盐进行检测，能准确计算样品中亚硝酸盐的含量。

二、任务实施

（一）分组讨论，制订工作方案、确定人员分工

填写方案设计表（附表1）。

（二）试剂配制、仪器设备的准备

1.试剂配制

填写试剂配制表（附表2）。

2.仪器设备

填写所需仪器设备统计表（附表3）。

（三）实验操作

按照资料单中分析步骤操作。

（四）填写原始数据

食品中亚硝酸盐含量的检测原始数据记录单

<table>
<tr><td>样品名称</td><td></td><td colspan="2">样品编号</td><td colspan="3"></td><td colspan="4">检测项目</td><td colspan="2"></td></tr>
<tr><td>检测依据</td><td></td><td colspan="2">仪器名称</td><td colspan="3"></td><td colspan="4">标准溶液浓度（μg/mL）</td><td colspan="2"></td></tr>
<tr><td>检测地点</td><td></td><td colspan="2">室温（℃）</td><td colspan="3"></td><td colspan="4">相对湿度RH（%）</td><td colspan="2"></td></tr>
<tr><td>样品质量（g）</td><td colspan="3"></td><td colspan="3">定容体积（mL）</td><td colspan="6"></td></tr>
<tr><td rowspan="4">分析数据</td><td>序号</td><td>1</td><td>2</td><td>3</td><td>4</td><td>5</td><td>6</td><td>7</td><td>8</td><td>9</td><td>样1</td><td>样2</td></tr>
<tr><td>体积（mL）</td><td></td><td></td><td></td><td></td><td></td><td></td><td></td><td></td><td></td><td></td><td></td></tr>
<tr><td>质量（μg）</td><td></td><td></td><td></td><td></td><td></td><td></td><td></td><td></td><td></td><td></td><td></td></tr>
<tr><td>吸光度</td><td></td><td></td><td></td><td></td><td></td><td></td><td></td><td></td><td></td><td></td><td></td></tr>
<tr><td>计算公式</td><td colspan="12"></td></tr>
<tr><td>样品中亚硝酸盐含量（mg/kg）</td><td colspan="12">注：结果保留2位有效数字</td></tr>
<tr><td>安全评价结果</td><td colspan="12"></td></tr>
</table>

检验人：　　　　　　　　校核人：

三、考核评价

食品中亚硝酸盐的测定（分光光度法）考核评分标准

技能操作三　食品中钙的测定（火焰原子吸收光谱法）

资料单

一、原理

食品中钙含量采用火焰原子吸收光谱法测定。样品经消解处理后，加入镧溶液作为释放剂，经原子吸收火焰原子化，在422.7 nm处测定的吸光度值在一定浓度范围内与钙含量成正比，与标准系列比较定量。

二、试剂和材料

除非另作规定，本操作所用试剂均为优级纯，水为GB/T 6682—2008规定的二级水。

（1）硝酸（HNO_3）。

（2）高氯酸（$HClO_4$）。

（3）盐酸（HCl）。

（4）氧化镧（La_2O_3）。

（5）碳酸钙（$CaCO_3$）：纯度>99.99%，或经国家认证并授予标准物质证书的一定浓度的钙标准溶液。

（6）硝酸溶液（5+95）：量取50mL硝酸，加入950mL水，混匀。

（7）硝酸溶液（1+1）：量取500mL硝酸，与500mL水混合均匀。

（8）盐酸溶液（1+1）：量取500mL盐酸，与500mL水混合均匀。

（9）镧溶液（20g/L）：称取23.45g氧化镧，先用少量水湿润后再加入75mL盐酸溶液（1+1）溶解，转入1000mL容量瓶中，加水定容至刻度，混匀。

（10）钙标准储备液（1000mg/L）：准确称取2.4963g（精确至0.0001g）碳酸钙，

加盐酸溶液（1+1）溶解，移入1000mL容量瓶中，加水定容至刻度，混匀。

（11）钙标准中间液（100mg/L）：准确吸取钙标准储备液（1000mg/L）10mL于100mL容量瓶中，加硝酸溶液（5+95）至刻度，混匀。

（12）钙标准系列溶液：分别吸取钙标准中间液（100mg/L）0，0.500，1.00，2.00，4.00，6.00mL于100mL容量瓶中，另在各容量瓶中加入5mL镧溶液（20g/L），最后加硝酸溶液（5+95）定容至刻度，混匀。此钙标准系列溶液中钙的质量浓度分别为0，0.500，1.00，2.00，4.00，6.00mg/L。

可根据仪器的灵敏度及样品中钙的实际含量确定标准溶液系列中元素的具体浓度。

三、仪器和设备

所有玻璃器皿及聚四氟乙烯消解内罐均需硝酸溶液（1+5）浸泡过夜，用自来水反复冲洗，最后用水冲洗干净。

（1）原子吸收光谱仪：配火焰原子化器，钙空心阴极灯。

（2）分析天平：感量为1mg、0.1mg。

（3）微波消解系统：配聚四氟乙烯消解内罐。

（4）可调式电热炉。

（5）可调式电热板。

（6）压力消解罐：配聚四氟乙烯消解内罐。

（7）恒温干燥箱。

（8）马弗炉。

四、分析步骤

1.样品制备

在采样和样品制备过程中，应避免样品污染。

（1）粮食、豆类样品　样品去除杂物后，粉碎，贮于塑料瓶中。

（2）蔬菜、水果、鱼类、肉类等样品　样品用水洗净，晾干，取可食部分，制成匀浆，贮于塑料瓶中。

（3）饮料、酒、醋、酱油、食用植物油、液态乳等液体样品　将样品摇匀。

2.样品消解

根据样品类型、实验室条件，选择下列一种消解方法。

（1）湿法消解　准确称取固体样品0.2~3g（精确至0.001g）或准确移取液体样品0.500~5.00mL于带刻度消化管中，加入10mL硝酸、0.5mL高氯酸，在可调式电热炉上消解［参考条件：120℃/（0.5~1）h；升至180℃/（2~4）h；升至200~220℃］。若消化液呈棕褐色，再加硝酸，消解至冒白烟，消化液呈无色透明或略带黄色。取出消化管，冷却后用水定容至25mL，再根据实际测定需要稀释，并在稀释液中加入一定体积的镧溶液（20g/L），使其在最终稀释液中的浓度为1g/L，混匀备用，此为样品待测液，同时做空白实验，亦可采用锥形瓶，于可调式电热板上，按上述操作方法进行湿法消解。

（2）压力罐消解　准确称取固体样品0.2~1g（精确至0.001g）或准确移取液体样品0.500~5.00mL于消解内罐中，加入5mL硝酸，盖好内盖，旋紧不锈钢外套，放入恒温干燥箱，于140~160℃下保持4~5h，冷却后缓慢旋松外罐，取出消解内罐，放在可调式电热板上于140~160℃赶酸至1mL左右，冷却后将消化液转移至25mL容量瓶中，用少量水洗涤内罐和内盖2~3次，合并洗涤液于容量瓶中并用水定容至刻度，混匀备用。根据实际测定需要稀释，并在稀释液中加入一定体积的斓溶液（20g/L），使其在最终稀释液中的浓度为1g/L，混匀备用，此为样品待测液。同时做空白实验。

（3）微波消解　准确称取固体样品0.2~0.8g（精确至0.001g）或准确移取液体样品0.500~3.00mL于微波消解罐中，加入5mL硝酸，按照微波消解的操作步骤消解样品，消解条件参考表1。冷却后取出消解罐，在电热板上于140~160℃赶酸至1mL左右。消解罐放冷后，将消化液转移至25mL容量瓶中，用少量水洗涤消解罐2~3次，合并洗涤液于容量瓶中并用水定容至刻度。根据实际测定需要稀释，并在稀释液中加入一定体积镧溶液（20g/L）使其在最终稀释液中的浓度为1g/L，混匀备用，此为样品待测液，同时做空白实验。

表1　微波消解升温程序参考条件

步骤	设定温度/℃	升温时间/min	恒温时间/min
1	120	5	2
2	160	5	10
3	180	5	10

（4）干法灰化　准确称取固体样品0.5~5g（精确至0.001g）或准确移取液体样品0.500~10.0mL于坩埚中，小火加热，炭化至无烟，转移至马弗炉中，于550℃灰化3~4h。冷却，取出。对于灰化不彻底的样品，加数滴硝酸，小火加热，小心蒸干，再转入550℃马弗炉中，继续灰化1 ~2h，至样品呈白灰状，冷却，取出，用适量硝酸溶液（1+1）溶解转移至刻度管中，用水定容至25mL。根据实际测定需要稀释，并在稀释液中加入一定体积的镧溶液（20g/L），使其在最终稀释液中的浓度为1g/L，混匀备用，此为样品待测液，同时做空白实验。

3.仪器参考条件

（1）波长：422.7 nm。

（2）狭缝：1.3nm。

（3）灯电流：5~15mA。

（4）燃烧头高度：3mm。

（5）空气流量：9L/min。

（6）乙炔流量：2L/min。

4.标准曲线的制作

将钙标准系列溶液按浓度由低到高的顺序分别导入火焰原子化器，测定吸光度值，以标准系列溶液中钙的质量浓度为横坐标，相应的吸光度值为纵坐标，制作标准曲线。

5.样品溶液的测定

在与测定标准溶液相同的实验条件下，将空白溶液和样品待测液分别导入原子化器，测定相应的吸光度值，与标准系列比较定量。

五、结果分析

样品中钙的含量按下式进行计算：

$$X=\frac{(\rho-\rho_0)\times F\times V}{m}$$

式中 X——样品中钙的含量，mg/kg或mg/L；

ρ——样品待测液中钙的浓度，mg/L；

ρ_0——空白溶液中钙的浓度，mg/L；

F——样品消化液的稀释倍数；

V——样品消化液的定容体积，mL；

m——样品质量或移取体积，g或mL。

当钙含量≥10.0mg/kg或10.0mg/L时，计算结果保留三位有效数字；当钙含量＜10.0mg/kg或10.0mg/L时，计算结果保留两位有效数字。

六、精密度

在重复性条件下获得的两次独立测定结果的绝对差值不得超过算术平均值的10%。

任务单

一、任务要求

采用火焰原子吸收光谱法完成样品中钙含量的测定，掌握样品制备、消解方法，会进行标准溶液、标准使用液的配制，能规范熟练操作原子吸收光谱仪，能利用原子吸收光谱仪对样品及标准溶液中钙进行检测，能准确计算样品中钙的含量。

二、任务实施

（一）分组讨论，制订工作方案、确定人员分工

填写方案设计表（附表1）。

（二）试剂配制、仪器设备的准备

1.试剂配制

填写试剂配制表（附表2）。

2.仪器设备

填写所需仪器设备统计表（附表3）。

（三）实验操作

按照资料单中分析步骤操作。

（四）填写原始数据

食品中钙含量的检测原始数据记录单

<table>
<tr><td>样品名称</td><td></td><td colspan="2">样品编号</td><td colspan="2"></td><td colspan="2">检测项目</td><td colspan="2"></td></tr>
<tr><td>检测依据</td><td></td><td colspan="2">仪器名称</td><td colspan="2"></td><td colspan="2">光源名称</td><td colspan="2"></td></tr>
<tr><td>检测地点</td><td></td><td colspan="2">室温（℃）</td><td colspan="2"></td><td colspan="2">相对湿度RH（%）</td><td colspan="2"></td></tr>
<tr><td>样品质量或体积（g/mL）</td><td colspan="3"></td><td colspan="2">定容体积（mL）</td><td colspan="4"></td></tr>
<tr><td rowspan="4">分析数据</td><td>序号</td><td>1</td><td>2</td><td>3</td><td>4</td><td>5</td><td>6</td><td>样1</td><td>样2</td></tr>
<tr><td>体积（mL）</td><td></td><td></td><td></td><td></td><td></td><td></td><td></td><td></td></tr>
<tr><td>浓度（mg/L）</td><td></td><td></td><td></td><td></td><td></td><td></td><td></td><td></td></tr>
<tr><td>吸光度</td><td></td><td></td><td></td><td></td><td></td><td></td><td></td><td></td></tr>
<tr><td>计算公式</td><td colspan="9"></td></tr>
</table>

续表

样品中钙含量（mg/kg或mg/L）	注：当钙含量≥10.0mg/kg或10.0mg/L时，计算结果保留三位有效数字；当钙含量<10.0mg/kg或10.0mg/L时，计算结果保留两位有效数字
安全评价结果	
检验人：	校核人：

三、考核评价

食品中钙的测定（火焰原子吸收光谱法）考核评分标准

食品添加剂检测安全评价知识点在线测试

考核项目五 非法添加物检测安全评价

技能操作一 水产品中甲醛的测定（分光光度法）

资料单

一、原理

水产品中甲醛采用分光光度法测定。水产品中的甲醛在磷酸介质中经水蒸气加热蒸馏，冷凝后经水溶液吸收，蒸馏液与乙酰丙酮反应，生成黄色的二乙酰基二氢二甲基吡啶，用分光光度计在413nm处比色定量。

本操作参考SC/T 3025—2006《水产品中甲醛的测定》。

二、试剂和材料

除非另作规定，本操作所用试剂均为分析纯。水为GB/T 6682—2008规定的二级水或去离子水。

（1）磷酸溶液（1+9）：取100mL磷酸，加到900mL的水中，混匀。

（2）乙酰丙酮溶液：称取乙酸铵25g，溶于100mL水中，加冰乙酸3mL和乙酰丙酮0.4mL，混匀，贮存于棕色瓶中，在2～8℃冰箱中可保存1个月。

（3）0.1moL/L碘溶液：称取40g碘化钾，溶于25mL水中，加入12.7g碘，待碘完全溶解后，加水定容至1000mL，移入棕色瓶中，于暗处贮存。

（4）1mol/L氢氧化钠溶液。

（5）硫酸溶液（1+9）：取100mL硫酸，缓缓加到900mL的水中，混匀。

（6）0.1mol/L硫代硫酸钠溶液：称取26g五水合硫代硫酸钠（或16g无水硫代硫酸钠），加0.2g无水碳酸钠，溶于1000mL水中，缓缓煮沸10min，冷却。放置2周后用4号玻璃滤锅过滤，按GB/T 601—2016方法进行标定其准确浓度。

（7）0.5%淀粉指示剂：称取0.5g淀粉，加水5mL使其成糊状，在搅拌下将糊状物加到90mL沸水中，煮沸1～2min，冷却，稀释至100mL。此溶液应当日配制。

（8）甲醛标准储备液：吸取0.3mL含量为36%～38%的甲醛溶液于100mL容量瓶中，加水稀释至刻度，为甲醛标准储备溶液，冷藏保存2周。

按以下方法进行标定：准确吸取甲醛标准储备溶液10.00mL，置于250mL碘量瓶中，加入0.1mol/L碘溶液25.00mL，1mol/L氢氧化钠溶液7.50mL，放置15min；再加入

（1+9）硫酸溶液10.00mL，放置15min；用浓度为0.1mol/L的硫代硫酸钠标准溶液滴定，当滴定至淡黄色时，加入1.00mL 0.5%淀粉指示剂，继续滴定至蓝色消失，记录所用硫代硫酸钠标准溶液的体积，同时用水做空白实验。

甲醛标准储备液的浓度按下式计算：

$$X_1 = \frac{(V_0 - V_1) \times c \times 15 \times 1000}{10}$$

式中 X_1——甲醛标准储备溶液中甲醛的浓度，mg/L；

V_0——空白滴定消耗硫代硫酸钠标准溶液的体积，mL；

V_1——滴定甲醛溶液消耗硫代硫酸钠标准溶液的体积，mL；

c——硫代硫酸钠标准溶液的浓度，mol/L；

15——1mL碘溶液（1mol/L）相当甲醛的质量，mg；

10——滴定所用甲醛标准储备液的体积，mL。

（9）甲醛标准溶液（5μg/mL）：根据甲醛标准储备液的浓度，准确吸取适量于100mL容量瓶中，用水定容至刻度，使甲醛标准溶液的浓度为5μg/mL，混匀备用，此液应当日配制。

三、仪器和设备

（1）天平：感量为0.01g、0.0001g。

（2）组织捣碎机。

（3）分光光度计：波长范围为360~800nm。

四、分析步骤

1.取样

（1）鲜活水产品　取肌肉等可食部分测定。鱼类去头、去磷，取背部和腹部肌肉；虾去头、去壳、去肠腺后取肉；贝类去壳后取肉；蟹类去壳、去性腺和肝脏后取肉。

（2）冷冻水产品　经半解冻直接取样，不可用水清洗。

（3）水发水产品　可取其水发溶液直接测定，或将样品沥水后，取可食部分测定。

（4）干制水产品　取肌肉等可食部分测定。

2.样品处理

将上述取得的样品，用组织捣碎机捣碎，混合均匀后称取10.00g于250mL圆底烧瓶中，加入20mL蒸馏水，用玻璃棒搅拌均匀，浸泡30min后加入（1+9）磷酸溶液10mL，立即通入水蒸气蒸馏。接收管下口事先插入盛有20mL蒸馏水且置于冰浴的蒸馏液接收装置中。收集蒸馏液至200mL，同时做空白实验。

3.标准曲线的绘制

准确吸取5μg/mL的甲醛标准溶液0，2.00，4.00，6.00，8.00，10.00mL于20mL纳氏比色管中，加水至10mL；加入1mL乙酰丙酮溶液，混合均匀，置于水浴中加热10min，取出用水冷却至室温；以空白溶液为参比，于波长413nm处，以1cm比色皿进行比色，测定吸光度，绘制标准曲线。

4.样品测定

根据样品蒸馏液中甲醛浓度的高低，吸取蒸馏液1～10mL于纳氏比色管中，加水至10mL，按“3.标准曲线的绘制”中方法进行测定，记录吸光度。每个样品应做平行测定，以其算术平均值为测定结果。

五、结果分析

样品中甲醛的含量按下式进行计算：

$$X_2=\frac{c_2\times10}{m\times V_2}\times200$$

式中　X_2——水产品中甲醛的浓度，mg/kg；

c_2——由曲线查得的测定用样液中甲醛的浓度，μg/mL；

10——显色溶液的总体积，mL；

m——样品质量，g；

V_2——测定用样品蒸馏液的体积，mL；

200——蒸馏液的总体积，mL。

结果保留2位小数。

六、精密度

样品中甲醛含量≤5mg/kg时，在重复性条件下获得的两次独立测定结果的绝对差值不得超过算术平均值的10%。

样品中甲醛含量＞5mg/kg时，在重复性条件下获得的两次独立测定结果的绝对差值不得超过算术平均值的5%。

任务单

一、任务要求

采用分光光度法完成样品中甲醛含量的测定，掌握取样、样品、处理方法，会进行标准溶液、标准使用液的配制，能规范熟练操作可见分光光度计，能利用分光光度计对样品及标准溶液中甲醛进行检测，能正确绘制标准曲线，能准确计算样品中甲醛的含量。

二、任务实施

（一）分组讨论，制订工作方案、确定人员分工

填写方案设计表（附表1）。

（二）试剂配制、仪器设备的准备

1.试剂配制

填写试剂配制表（附表2）。

2.仪器设备

填写所需仪器设备统计表（附表3）。

（三）实验操作

按照资料单中分析步骤操作。

（四）填写原始数据

食品中甲醛含量的检测原始数据记录单

<table>
<tr><td>样品名称</td><td></td><td colspan="2">样品编号</td><td colspan="2"></td><td colspan="3">检测项目</td><td></td></tr>
<tr><td>检测依据</td><td></td><td colspan="2">仪器名称</td><td colspan="2"></td><td colspan="3">标准溶液浓度（μg/mL）</td><td></td></tr>
<tr><td>检测地点</td><td></td><td colspan="2">室温（℃）</td><td colspan="2"></td><td colspan="3">相对湿度RH（%）</td><td></td></tr>
<tr><td>样品质量（g）</td><td colspan="3"></td><td colspan="2">取蒸馏液体积（mL）</td><td colspan="4"></td></tr>
<tr><td rowspan="4">分析数据</td><td>序号</td><td>1</td><td>2</td><td>3</td><td>4</td><td>5</td><td>6</td><td>样1</td><td>样2</td></tr>
<tr><td>体积（mL）</td><td></td><td></td><td></td><td></td><td></td><td></td><td></td><td></td></tr>
<tr><td>浓度（μg/mL）</td><td></td><td></td><td></td><td></td><td></td><td></td><td></td><td></td></tr>
<tr><td>吸光度</td><td></td><td></td><td></td><td></td><td></td><td></td><td></td><td></td></tr>
<tr><td>计算公式</td><td colspan="9"></td></tr>
</table>

续表

样品中甲醛含量（mg/kg）	注：结果保留2位小数
安全评价结果	
检验人：	校核人：

三、考核评价

水产品中甲醛的测定（分光光度法）考核评分标准

技能操作二　食品中硼酸的测定（分光光度法）

资料单

一、原理

食品中硼酸采用分光光度法测定。通过乙基己二醇-三氯甲烷溶液对样品中的硼酸进行快速的富集、萃取，除去共存盐类的影响，利用硫酸与姜黄混合生成的质子化姜黄与硼酸反应生成红色产物。溶液颜色的深浅与样品中硼酸含量成正比，通过比色可以测定样品中硼酸的含量。

本操作参考GB 5009.275—2016《食品安全国家标准　食品中硼酸的测定》。

二、试剂和材料

除非另作规定，本操作所用试剂均为分析纯；水为GB/T 6682—2008规定的三级水。

（1）硫酸（H_2SO_4）。

（2）无水乙醇（CH_3CH_2OH）。

（3）甲醇（CH_3OH）。

（4）亚铁氰化钾［$K_4Fe(CN)_6 \cdot 3H_2O$］。

（5）乙酸锌［$Zn(CH_3COO)_2 \cdot 2H_2O$］。

（6）姜黄色素。

（7）冰乙酸（CH_3COOH）。

（8）2-乙基-1，3-己二醇［$CH_3CH_2CH_2CH(OH)CH(C_2H_5)CH_2OH$］。

（9）三氯甲烷（$CHCl_3$）。

（10）硼酸（H3BO3）。

（11）硫酸溶液（1+1）：取等体积的硫酸和水，将硫酸沿烧杯壁缓慢注入水中，并用玻璃棒不断搅拌，使热量及时散失。

（12）亚铁氰化钾溶液（106g/L）：称取106.0g 亚铁氰化钾，用水溶解，并稀释至1000mL。

（13）乙酸锌溶液（220g/L）：称取220.0g 乙酸锌，先加30mL 冰乙酸溶解，用水稀释至1000mL。

（14）姜黄-冰乙酸溶液：称取姜黄色素0.10g溶于100mL冰乙酸中，此溶液保存于塑料容器中。

（15）2-乙基-1，3-己二醇-三氯甲烷溶液（EHD-$CHCl_3$溶液）：取2-乙基-1，3-己二醇10mL，加三氯甲烷稀释至100mL，此溶液保存于塑料容器中。

（16）硼酸标准储备液：准确称取在硫酸干燥器中干燥5h以上的硼酸0.5000g，溶于水并定容至1000mL，保存于塑料容器中。此硼酸标准储备液的浓度为500μg/mL。

（17）硼酸标准溶液：取硼酸标准储备液10.00mL，加水定容至1000mL，保存于塑料容器中。此硼酸标准溶液的浓度为5μg/mL。所配制溶液于0～4℃冰箱中可贮存3个月。

三、仪器和设备

（1）天平：感量为0.01g、0.0001g。

（2）分光光度计。

（3）高速捣碎机。

（4）涡旋振荡器。

实验中使用的容器均为塑料容器。

四、分析步骤

1.样品制备

（1）固体样品　称取经高速捣碎机捣碎的样品2～10g（精确至0.01g）于150mL塑料烧杯中，加40～60mL水混匀，缓慢滴加2mL硫酸，超声10min促进溶解混合。加乙酸锌溶液5mL，亚铁氰化钾溶液5mL，加水定容至100mL，过滤后作为制备的样品溶液。根据样品含量取1.00～3.00mL制备的样品溶液于25mL塑料试管中，加水至5mL。加硫酸溶液（1+1）1mL，振荡混匀，加EHD-$CHCl_3$溶液5.00mL，盖上盖子，涡旋振荡器振摇2min，静置分层，吸取下层的EHD-$CHCl_3$溶液并通过φ7cm干燥快速滤纸过滤。过滤液作为样品测样液。

（2）液体样品　称取样品2～10g（精确至0.01g）于150mL塑料烧杯中，加40mL水混匀，加乙酸锌溶液5mL，亚铁氰化钾溶液5mL，加水定容至100mL，过滤后作为制备的样品溶液。根据样品含量取1.00～3.00mL制备的样品溶液于25mL塑料试管中，加水至5mL。后续操作同固体样品。

如果萃取过程中出现乳化现象，可将萃取液3000r/min离心3min或在测定体系中加入1mL甲醇以避免乳化或沉淀现象，如加入甲醇应保持加水定容总体积为5mL。

2.标准曲线的制作

准确吸取硼酸标准溶液0.00，1.00，2.00，3.00，4.00，5.00mL于25mL塑料试管中，各加水至5mL。加硫酸溶液（1+1）1mL，振荡混匀，加EHD-$CHCl_3$溶液5.00mL，盖上盖子，涡旋振荡2min，静置分层，吸取下层的EHD-$CHCl_3$溶液并通过φ7cm干燥快速滤纸过滤。各取1.00mL过滤液于50mL塑料试管中，依次加入姜黄-冰乙酸溶液1.0mL，硫酸0.5mL，摇匀，静置30min，加无水乙醇25mL，静置10min，于550nm处用1cm比色皿测定吸光度。以标准系列的硼酸含量（μg）为横坐标，以吸光度为纵坐标绘制标准曲线。

3.样品溶液的测定

准确吸取样品测样液1.00mL于50mL塑料试管中，以下操作同“2.标准曲线的制作”中的显色、比色步骤。测定吸光度值，根据标准曲线得到样品溶液中硼酸的浓度。

五、结果分析

样品中硼酸含量按下式进行计算：

$$X=\frac{m_1\times1000\times V_1}{m_2\times1000\times V_2}$$

式中　X——样品中硼酸的含量，mg/kg；

m_1——由标准曲线得到的样品溶液中硼酸的质量，μg；

1000——转换系数；

m_2——样品质量，g；

V_1——样品定容体积，mL；

V_2——测定所取样品溶液的体积，mL。

结果保留3位有效数字。

六、精密度

在重复性条件下获得的两次独立测定结果的绝对差值不得超过算术平均值的10%。

任务单

一、任务要求

采用分光光度法完成样品中硼酸含量的测定，掌握样品制备、提取、净化方法，会进行标准溶液、标准使用液的配制，能规范熟练操作可见分光光度计，能利用分光光度计对样品及标准溶液中硼酸进行检测，能准确计算样品中硼酸的含量。

二、任务实施

（一）分组讨论，制订工作方案、确定人员分工

填写方案设计表（附表1）。

（二）试剂配制、仪器设备的准备

1.试剂配制

填写试剂配制表（附表2）。

2.仪器设备

填写所需仪器设备统计表（附表3）。

（三）实验操作

按照资料单中分析步骤操作。

（四）填写原始数据

食品中硼酸含量的检测原始数据记录单

样品名称		样品编号		检测项目	
检测依据		仪器名称		标准溶液浓度（μg/mL）	
检测地点		室温（℃）		相对湿度RH（%）	
样品质量（g）		定容体积（mL）		测定用样液体积（mL）	

续表

分析数据	序号	1	2	3	4	5	6	样1	样2
	体积（mL）								
	质量（μg）								
	吸光度								
计算公式									
样品中硼酸含量（mg/kg）	注：结果保留3位有效数字								
安全评价结果									
检验人：					校核人：				

三、考核评价

食品中硼酸的测定（分光光度法）考核评分标准

技能操作三　食品中镉的测定（石墨炉原子吸收光谱法）

资料单

一、原理

试样消解处理后，经石墨炉原子化，在228.8nm处测定吸光度。在一定浓度范围内镉的吸光度值与镉含量成正比，与标准系列溶液比较定量。

本操作参考GB 5009.15—2023《食品安全国家标准　食品中镉的测定》。

二、试剂和材料

除非另有说明，本方法所用试剂均为优级纯，水为GB/T 6682规定的二级水。

（1）硝酸（HNO_3）。

（2）高氯酸（$HClO_4$）。

（3）磷酸二氢铵（$NH_4H_2PO_4$）。

（4）硝酸钯 [$Pd(NO_3)_2$]。

（5）硝酸溶液（5+95）：量取50mL硝酸，缓慢加入950mL水中，混匀。

（6）硝酸溶液（1+9）：量取50mL硝酸，缓慢加入450mL水中，混匀。

（7）磷酸二氢铵–硝酸钯混合溶液：称取0.02g硝酸钯，加少量硝酸溶液（1+9）溶解后，再加入2g磷酸二氢铵，溶解后用硝酸溶液（5+95）定容至100mL，混匀。

（8）氯化镉（$CdCl_2 \cdot 2.5H_2O$）：纯度>99.99%，或经国家认证并授予标准物质证书的标准品。

（9）镉标准储备液（100mg/L）：准确称取氯化镉0.2032g，用少量硝酸溶液（1+9）溶解，移入1000mL容量瓶中，加水至刻度，混匀。此溶液镉的质量浓度为100mg/L。

（10）镉标准中间液（100μg/L）：准确吸取镉标准储备液（100mg/L）1.00mL于10mL容量瓶中，加硝酸溶液（5+95）至刻度，混匀。再准确吸取上述溶液1.00mL于100mL容量瓶中，加硝酸溶液（5+95）至刻度，混匀。此溶液镉的质量浓度为100μg/L。

（11）镉标准系列工作溶液：分别准确吸取镉标准中间液（100μg/L）0，0.200，0.500，1.00，2.00和4.00mL于100mL容量瓶中，加硝酸溶液（5+95）至刻度，混匀。此系列溶液镉的质量浓度分别为0，0.200，0.500，1.00，2.00和4.00μg/L。临用现配。

三、仪器和设备

（1）原子吸收光谱仪：配石墨炉原子化器，附镉空心阴极灯。

（2）电子天平：感量为0.1mg和1mg。

（3）可调式电热板或可调式电炉。

（4）微波消解系统：配聚四氟乙烯消解内罐。

（5）压力消解罐：配聚四氟乙烯消解内罐。

（6）恒温干燥箱。

（7）样品粉碎设备：匀浆机、高速粉碎机。

四、分析步骤

1.试样制备

（1）干样　豆类、谷物、菌类、茶叶、干制水果、焙烤食品等低含水量样品，取可食部分，必要时经高速粉碎机粉碎均匀；固体乳制品、蛋白粉、面粉等呈均匀状的粉状样品，摇匀。

（2）鲜样　蔬菜、水果、水产品等高含水量样品，必要时洗净，晾干，取可食部分匀浆均匀；肉类、蛋类等样品，取可食部分匀浆均匀。

（3）液态样品　软饮料、调味品等样品摇匀。

2.试样前处理

（1）湿式消解法　固体试样称取0.2～3g（精确至0.001g），液体试样准确移取或称取0.500～5.00mL（g）（精确至0.001g）于带刻度消化管中，含乙醇或二氧化碳的样品先低温加热除去乙醇或二氧化碳，加入10mL硝酸和0.5mL高氯酸，在可调式电炉上消解（参考条件：120℃保持0.5～1h，升至180℃保持2～4h，升至200～220℃）。若消化液呈棕褐色，冷却后，再加少量硝酸，消解至冒白烟，消化液呈无色透明或略带黄色，赶酸至1mL左右后取出消化管，冷却后用水定容至10mL或25mL，混匀备用。同时做空白试验。

（2）微波消解法　固体试样称取0.2～0.5g（精确至0.001g，含水分较多的样品可适当增加取样量至1g），液体试样准确移取或称取0.500～3.00mL（g）（精确至0.001g）于微波消解罐中，含乙醇或二氧化碳的样品先低温加热除去乙醇或二氧化碳，加入5～10mL硝酸。微波消化程序可以根据仪器型号调至最佳条件。冷却后取出消解罐，于140～160℃赶酸至1mL左右。消解罐放冷后，将消化液转移至10mL或25mL容量瓶中，用少量水洗涤消解罐2～3次，合并洗涤液于容量瓶中并用水定容至刻度，混匀备用。同时做空白试验。

（3）压力罐消解法　固体试样称取0.2～1g（精确至0.001g，含水分较多的样品可适当增加取样量至2g），液体试样准确移取或称取0.500～5.00mL（g）（精确至0.001g）于消解内罐中，含乙醇或二氧化碳的样品先低温加热除去乙醇或二氧化碳，加入5～10mL硝酸。盖好内盖，旋紧不锈钢外套，放入恒温干燥箱，于140～160℃下保持4～5h。必要时，在加酸后加盖放置1h或过夜后再旋紧不锈钢外套，放入恒温干燥箱消解试样。冷却后缓慢旋松不锈钢外套，取出消解内罐，于140～160℃赶酸至1mL左右。冷却后将消化液转移至10mL或25mL容量瓶中，用少量水洗涤内罐和内盖2～3次，合并洗涤液于容量瓶中并用水定容至刻度，混匀备用。同时做空白试验。

3.仪器参考条件

（1）波长：228.8nm。

（2）狭缝：0.8nm。

（3）灯电流：5～7mA。

（4）干燥温度：85～120℃。

（5）干燥时间：30～50s。

（6）灰化温度：450～650℃。

（7）灰化时间：15～30s。

（8）原子化温度：1500～2000℃。

（9）原子化时间：4～5s。

4.标准曲线的制作

按质量浓度由低到高的顺序分别取10μL标准系列溶液、5μL磷酸二氢铵-硝酸钯混合溶液（可根据使用仪器选择最佳进样量），同时注入石墨管，原子化后测其吸光度值，以质量浓度为横坐标，吸光度值为纵坐标，绘制标准曲线。

5.试样溶液的测定

在测定标准曲线相同的试验条件下，吸取10μL空白溶液或试样消化液、5μL磷酸二氢铵-硝酸钯混合溶液（可根据使用仪器选择最佳进样量），同时注入石墨管，原子化后测其吸光度值。根据标准曲线得到待测液中镉的质量浓度。若测定结果超出标准曲线范围，用硝酸溶液（5+95）稀释后测定。

6.分析结果的表述

试样中镉的含量按下式计算。

$$X=\frac{(\rho-\rho_0)\times f\times V}{m\times 1000}$$

式中 X——试样中镉的含量，mg/kg或mg/L；

ρ——试样消化液中镉的质量浓度，μg/L；

ρ_0——空白溶液中镉的质量浓度，μg/L；

f——稀释倍数；

V——试样消化液定容体积，mL；

m——试样质量或体积，g或mL；

1000——换算系数。

当镉含量≥0.1mg/kg（mg/L）时，计算结果保留3位有效数字，当镉含量<0.1mg/kg（mg/L）时，计算结果保留2位有效数字。

五、精密度

试样中镉含量>1mg/kg（mg/L）时，在重复性条件下获得的2次独立测定结果的绝对差值不得超过算术平均值的10%；0.1mg/kg（mg/L）<试样中镉含量≤1mg/kg（mg/L）时，在重复性条件下获得的2次独立测定结果的绝对差值不得超过算术平均值的15%；试样中镉含量≤0.1mg/kg（mg/L）时，在重复性条件下获得的2次独立测定结果的绝对差值不得超过算术平均值的20%。

任务单

一、任务要求

采用石墨炉原子吸收光谱法完成样品中镉含量的测定，掌握样品制备、消解方法，会进行标准溶液、标准使用液的配制，能规范熟练操作石墨炉原子吸收分光光度计，能利用石墨炉原子吸收分光光度计对样品及标准溶液中镉进行检测，能准确计算样品中镉的含量。

二、任务实施

（一）分组讨论，制订工作方案、确定人员分工

填写方案设计表（附表1）。

（二）试剂配制、仪器设备的准备

1.试剂配制

填写试剂配制表（附表2）。

2.仪器设备

填写所需仪器设备统计表（附表3）。

（三）实验操作

按照资料单中分析步骤操作。

（四）填写原始数据

食品中镉含量的检测原始数据记录单

<table>
<tr><td>样品名称</td><td></td><td colspan="2">样品编号</td><td colspan="2"></td><td colspan="2">检测项目</td><td colspan="3"></td></tr>
<tr><td>检测依据</td><td></td><td colspan="2">仪器名称</td><td colspan="2"></td><td colspan="2">光源名称</td><td colspan="3"></td></tr>
<tr><td>检测地点</td><td></td><td colspan="2">室温（℃）</td><td colspan="2"></td><td colspan="2">相对湿度RH（%）</td><td colspan="3"></td></tr>
<tr><td>样品质量（g）</td><td colspan="3"></td><td colspan="2">定容体积（mL）</td><td colspan="5"></td></tr>
<tr><td rowspan="3">分析数据</td><td>序号</td><td>1</td><td>2</td><td>3</td><td>4</td><td>5</td><td>6</td><td>空白</td><td>样1</td><td>样2</td></tr>
<tr><td>浓度（ng/mL）</td><td></td><td></td><td></td><td></td><td></td><td></td><td></td><td></td><td></td></tr>
<tr><td>吸光度</td><td></td><td></td><td></td><td></td><td></td><td></td><td></td><td></td><td></td></tr>
</table>

续表

计算公式	
样品中镉含量（mg/kg或mg/L）	注：结果保留2位有效数字
安全评价结果	
检验人：	校核人：

三、考核评价

食品中镉的测定（石墨炉原子吸收光谱法）考核评分标准

非法添加物检测安全评价知识点在线测试

气－质联用仿真

液－质联用仿真

气相色谱检测仿真

液相色谱检测仿真

模块四

粮农食品安全管理

通过对粮农食品安全标准及法规、粮农食品安全管理及控制和食品贮藏、加工与流通过程的质量管理及安全控制三个项目的知识的学习和任务单的操作实践，了解和掌握食品标准的确定、粮食安全控制过程中记录表格的编制、食品生产原辅料危害来源分析和食品加工过程危害分析表的制定等知识点和技能点对粮农食品安全评价的重要性，提高学生的技术技能水平、分析问题的能力，培养学生严谨求实的科学态度和工匠精神，根植社会责任感和爱国情怀。

考核项目一 粮农食品安全标准及法规

技能操作 食品标准的确定

资料单

一、食品标准的制定原则

（1）遵守国家法律法规和部门规章。
（2）与现行标准协调一致，积极采用国际标准和国外先进标准。
（3）合理利用资源和保护环境。
（4）满足生产和使用要求。
（5）科学性和经济合理性。
（6）通俗易懂。
（7）适时制定，适时复审。
（8）发挥企业技术机构和企业的作用。

二、食品标准的制定程序

我国的标准（国家标准、行业标准和地方放标准）制修订程序一般分为9个阶段：预备阶段→立项阶段→起草阶段→征求意见阶段→审查阶段→批准阶段→出版阶段→复审阶段→废止阶段。

1.预备阶段

可由单位、组织、个人提出标准制修订的项目建议，若是国家标准（行业标准、地方标准）可通过互联网向有关部门提出项目建议。

2.立项阶段

标准立项，由标准的批准、发布部门确定和提出制修订计划。

3.起草阶段

由确立或委托标准的归口或提出部门负责组织起草或修订并成立标准起草工作组并制订工作计划。通过调查研究，搜集资料，起草标准草案，进行技术论证和试验验证。

4.征求意见阶段

首先编写标准草案征求意见稿，广泛征求各使用单位、部门的意见（包括召开征求意见会）。起草组根据意见，对标准草案进行修改，形成标准送审稿，报送技术委员会秘书处或技术归口单位审查。

5.审查阶段

由技术委员会秘书处或技术归口单位组织有关专家对标准送审稿进行审查。

6.批准阶段

会议审查通过后，编写会议纪要提出修改意见，交起草工作组继续修改，并形成报批稿，函审通过后，汇总函审意见，按采纳意见修改标准并形成标准草案修改稿，报标准审查部，由标准审查部审查整理后报批准、发布部门。行业、地方和企业标准直接报批准、发布部门。

7.出版阶段

由批准、发布部门批准、发布（行业标准、地方标准报国务院行政主管部门备案，企业标准报当地标准化行政部门备案），然后进行标准的宣传贯彻与实施。

8.复审阶段

在复审阶段由提出或起草部门对标准进行复审。

9.废止阶段

将复审结果报标准的批准，发布部门，由批准、发布部门确定标准继续有效、修订或废止。确认或废止的标准，通过互联网向社会公告。需要修订的标准重新进行标准立项。

三、食品安全标准体系

食品安全标准来源于《中华人民共和国食品安全法》。《中华人民共和国食品安全法》将其定性为“强制执行的标准”，且除食品安全标准外，不得制定其他的食品强制性标准。

1.食品标准体系四个部分

（1）基础标准

①食品中污染物限量标准。

②食品中致病菌限量标准。

③食品中真菌毒素限量标准。

④食品添加剂使用标准。

⑤营养强化剂使用标准。

⑥食品中农药残留限量标准。

⑦食品中兽药残留限量标准。

⑧预包装食品标签标准。

（2）产品标准（食品、食品添加剂和食品相关的产品标准）

①食品原料及产品（谷物及其制品、乳与乳制品、蛋与蛋制品、水产品及其制

品等）。

②营养与特殊膳食类食品（婴儿配方食品、特殊医学用途配方食品等）。

③食品添加剂（琼脂、二丁基经基甲苯等）。

④食品相关产品（不锈钢制品、消毒剂、有机硅防粘涂料等）。

（3）卫生规范（食品生产经营过程的卫生要求标准）

①食品生产卫生规范（乳制品、饮料等食品生产规范）。

②食品添加剂生产卫生规范。

③食品相关产品生产卫生规范。

④食品经营卫生规范。

⑤餐饮操作卫生规范。

⑥危害因素控制指南。

（4）检验方法与规程

①理化方法。

②微生物方法。

③毒理学检验方法和评价程序。

④寄生虫检验方法。

2.食品安全标准八项内容

（1）食品、食品相关产品中的致病性微生物、农药残留、兽药残留、重金属、污染物质以及其他危害人体健康物质的限量规定。

（2）食品添加剂的品种、使用范围和用量。

（3）专供婴幼儿和其他特定人群的主辅食品的营养成分要求。

（4）对与食品安全、营养有关的标签、标识、说明书的要求。

（5）食品生产经营过程的卫生要求。

（6）与食品安全有关的质量要求。

（7）食品检验方法与规程。

（8）其他需要制定为食品安全标准的内容。

3.食品标准的结构

（1）规范性要素　为声称符合标准而应遵守的条款的要素。

（2）资料性要素　标识标准、介绍标准、提供标准的附加信息的要素。

（3）规范性一般要素　描述标准的名称、范围，给出对于标准的使用必不可少的文件清单等要素。

（4）规范性技术要素　规定标准技术内容的要素。

（5）资料性概述要素　标示标准，介绍内容，说明背景、制定情况以及该标准与其他标准或文件的关系的要素。

（6）资料性补充要素　提供有助于标准的理解或使用的附加信息的要素。

在食品安全国家标准体系中，以基础标准为纬，以产品标准为经，就基本搭建起了一个基础的二维平面网状结构。生产经营规范标准将作为一个全方位对食品、食品添加剂和食品相关产品生产经营过程进行要求的部分，承担起将二维的网状结构变成三维的作用。检验方法标准将成为两条经纬的支撑部件，起着不可忽视的加固作用。

标准体系内各部分为既相互独立又互相依存的关系。

任务单

一、任务要求

掌握我国食品标准的基础知识，能够熟悉食品标准的分类，掌握食品企业标准制定的程序和食品标准的编写方法。

二、任务实施

（一）按照我国食品标准层次（级别）分类，完善下表

完善我国四级食品标准基本信息表（表1）。

表1　我国四级食品标准基本信息表

分类	代号	含义	管理部门
	GB		
国家标准		推荐性国家标准	
	GB/Z		
	NY		
	QB		
	WS		
	SC		
	SN		
行业标准	HJ		
	YC		
	SB		
	DB**/		
	DB**/T		
	Q/		

（二）按照标准制定的一般程序完善下列框架图

完善我国食品标准制定的一般程序框架图（图1）。

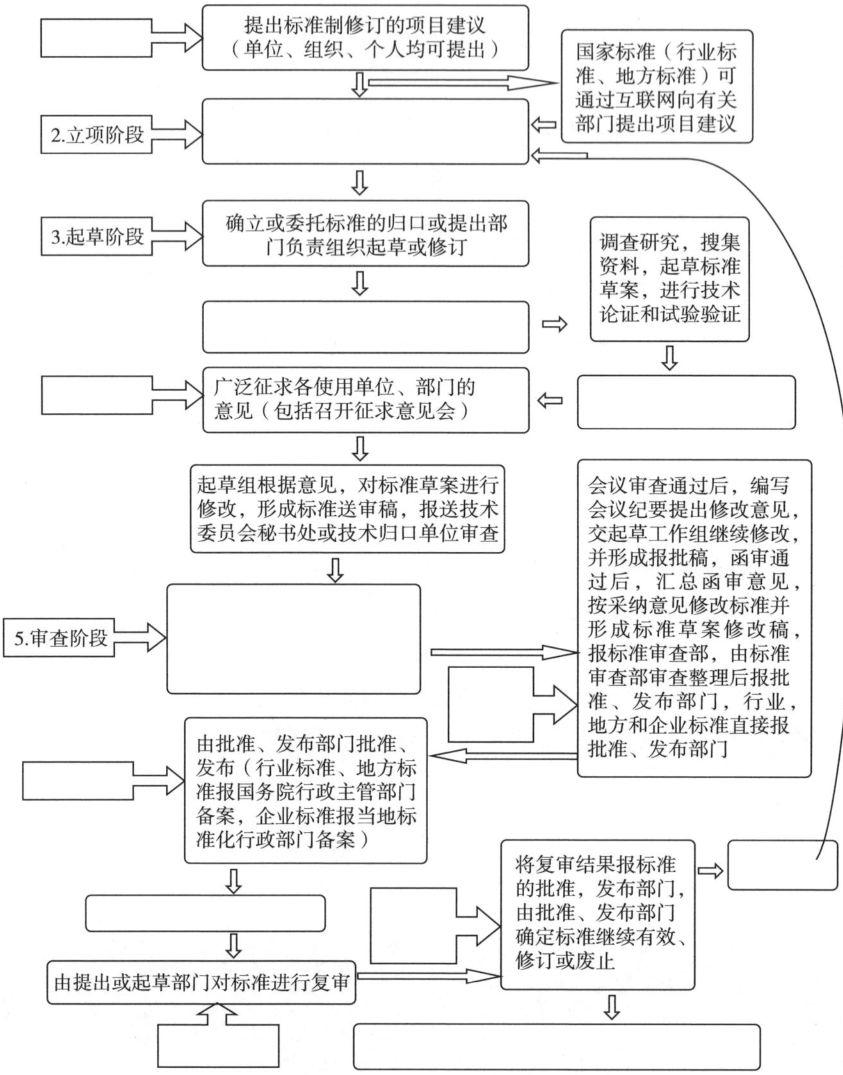

图1　我国标准制定的一般程序框架图

（三）按照食品标准的结构完善下面框架图

完善食品标准结构框架图（图2）。

（四）完成食品安全国家标准体系框架图

完成食品安全国家标准体系框架图（图3）。

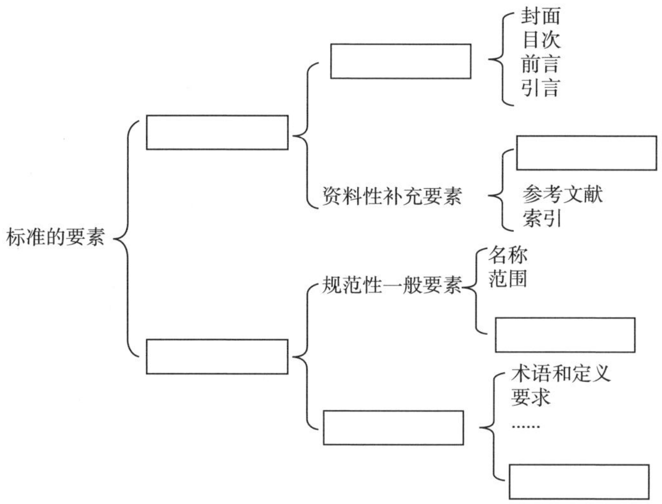

图 2　食品标准结构框架图

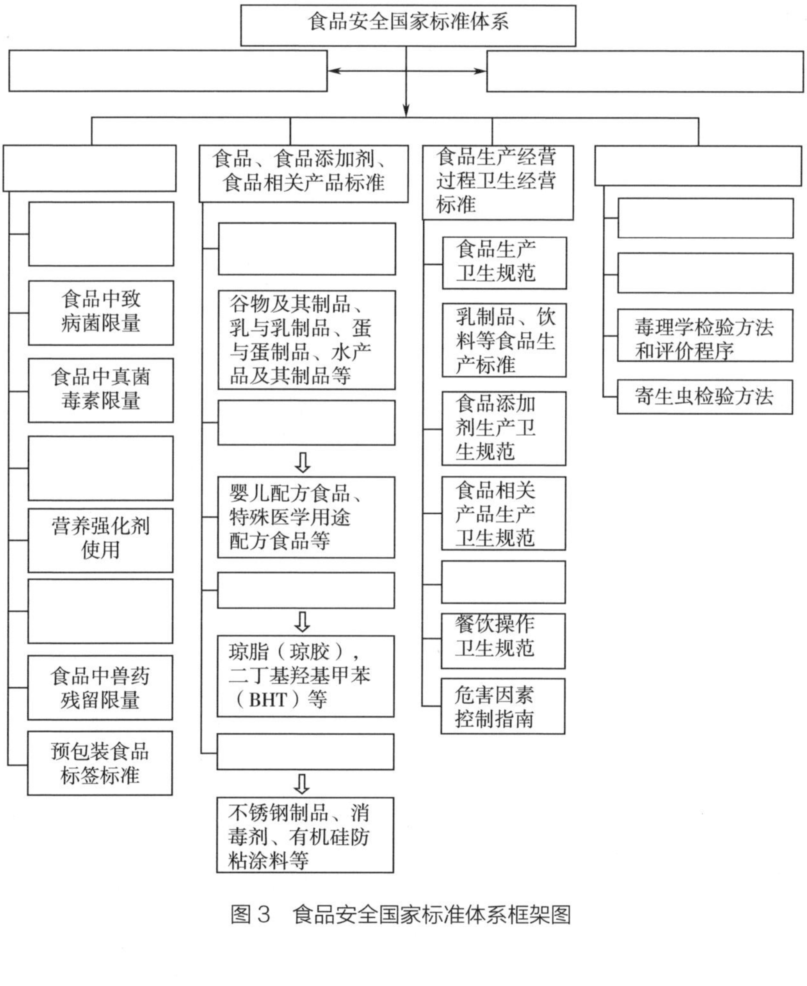

图 3　食品安全国家标准体系框架图

三、考核评价

食品标准的确定考核评分标准

粮农食品安全标准及法规知识点在线测试

参考文献

王世平.食品标准与法规［M］.北京：科学出版社，2017.

考核项目二
粮农食品安全管理体系建立

技能操作　粮食安全管理过程中记录表格的编制

资料单

编写记录表格的一般步骤如下所列。

（1）资料收集（现有的）：已有管理规章及其他相关规章；有关标准和技术文件。

（2）工作流程分析：确定必须开展的活动；确定流程；分析流程的合理性、可操作性；做必要的调整，包括根据不同情况增加分支和检查是否有遗漏、重叠。

（3）完善职能：明确相关部门的职能；考虑是否需对原有职能进行调整；确定有关职责、权限；明确相关部门承担的职责；明确赋予各职责的权限；协调部门间的关系。

（4）用文字或图形结合的形式编制工作流程，并与相关部门确定流程是否正确。

（5）根据工作流程确定所需的记录，并进行编写。

（6）编写完成后与使用部门确定记录是否合理，并根据其意见进行修订。

（7）对修订后的记录进行编号，并进行实施。

任务单

一、任务要求

以下为粮食入库作业的基本步骤，请根据以下步骤编写相关记录表格并模拟填写。

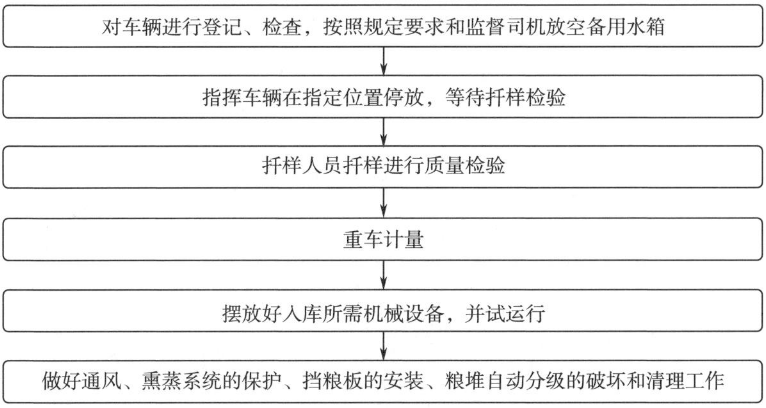

二、任务实施

分组讨论，制订工作方案，填写方案设计表。

方案设计表

<table>
<tr><td>组长</td><td></td><td>组员</td><td colspan="4"></td></tr>
<tr><td>学习项目</td><td colspan="6"></td></tr>
<tr><td>学习时间</td><td></td><td>地点</td><td></td><td>指导教师</td><td colspan="2"></td></tr>
<tr><td>准备内容与实施步骤</td><td colspan="6"></td></tr>
<tr><td rowspan="4">任务分工</td><td>姓名</td><td colspan="4">工作分工</td><td>完成效果</td></tr>
<tr><td></td><td colspan="4"></td><td></td></tr>
<tr><td></td><td colspan="4"></td><td></td></tr>
<tr><td></td><td colspan="4"></td><td></td></tr>
</table>

三、考核评价

粮食安全管理过程中记录表格的编制考核评分标准

粮农食品安全管理体系建立知识点在线测试

食品安全管理仿真

考核项目三 食品贮藏、加工与流通过程安全管理与控制

技能操作一 食品生产原辅料危害来源分析

资料单

通过对原辅料进行危害分析，一方面，让我们明确各种原辅料可能会带来什么危害；另一方面，让我们把那些敏感原料识别出来。对于敏感原料，一定要在原料的采购和接收环节采取具体的防控措施将经原料带入的风险控制到最低，否则原料一旦接收进来，因无法在加工过程中和食用前消除其危害，就会对消费者健康构成伤害，比如蔬菜中的农药残留、畜禽肉中的药物残留等就是难以在加工过程中消除的危害。食品原辅料中的危害一般可分为生物性危害、化学性危害和物理性危害。

1.生物性危害

生物性危害包括病原性微生物、病毒和寄生虫。

病原性微生物对人体健康造成的伤害包括食源性感染和食源性中毒。食源性感染会造成腹泻、呕吐等症状；食源性中毒，即食物中毒，对人体造成的危害更加严重，可能会致死。

病毒比细菌更小，食品携带病毒后，可以通过感染人体细胞引起疾病，如1998年春天上海暴发的大规模甲肝，造成大约30万人感染上甲型肝炎病毒，导致发烧、腹痛腹泻、肝脏炎症并伴有黄疸等症状。病毒污染食品的途径一是动植物原料环境感染了病毒，如人们食用的毛蚶生长水域感染了甲肝病毒；二是原料动物携带病毒，如肉牛患狂犬病或口蹄疫；三是食品加工人员带有病毒，如乙肝患者。

寄生虫通常寄生在宿主体表或体内，人体通过食用携带寄生虫的食品而被感染，比如人们比较熟悉的猪囊虫病，就可因食用未煮熟的囊虫病猪肉而被感染。寄生虫污染食品的途径有以下几种：一是原料动物患有寄生虫病；二是食品原料遭到寄生虫卵的污染；三是粪便污染、食品生熟不分。

2.化学性危害

化学性危害一般可分为天然的化学性危害、添加的化学性危害和外来的化学性危害。化学性危害对人体可能造成急性中毒、慢性中毒、影响人体发育、致畸、致癌甚至致死等后果。

天然的化学性危害来自一些化学物质，这些化学物质在动物、植物的自然生长过程中产生，如人们常说的毒蘑菇中的毒素、某些生长在谷物上的霉菌生成的毒素（比如黄曲霉毒素可以致癌）、河豚中含有的毒素、某些贝类因食用一些微生物和浮游植物而

产生的贝毒素。

添加的化学性危害是人们在食品加工、包装运输过程中加入的食品色素、防腐剂、发色剂、漂白剂等，如果超过安全水平使用就成为危害。

外来的化学性危害主要来源于：农用化学药品，如杀虫剂、除草剂、化肥等的使用；兽用药品，如兽医治疗用药、饲料添加用药在动物体内的残留；工业污染，如铅、砷、汞等化学物质进入动植物及水产品体内，以及食品加工企业使用的润滑剂、清洁剂、灭鼠药等化学物质污染食品。

3.物理性危害

物理性危害是指在食品中发现的不正常有害异物，被人们误食后可能造成身体外伤、窒息或其他健康问题，比如常见的金属、玻璃、碎骨等异物对人体的伤害。

物理性危害主要来源于：植物收获过程中掺进玻璃、铁丝铁钉、石头等；水产品捕捞过程中掺杂鱼钩、铅块等；食品加工设备上脱落的金属碎片、灯具及玻璃容器破碎造成的玻璃碎片等；畜禽在饲养过程中误食铁丝、畜禽肉和鱼剔骨时遗留骨头碎片或鱼刺等。

任务单

一、任务要求

假设你是某食品企业的一位品控人员，该企业生产的产品中会用到猪肉和面粉这两种原材料，请查阅相关资料对这两种原料进行危害来源分析。

二、任务实施

（一）分组讨论，制订工作方案、确定人员分工

填写方案设计表。

方案设计表

组长		组员			
学习项目					
学习时间		地点		指导教师	
准备内容与实施步骤					
任务分工	姓名	工作分工			完成效果

（二）完成危害分析表格

填写原辅料危害分析工作表。

原辅料危害分析工作表

序号	原料名	有无可对消费者健康构成伤害的潜在危害		是否显著危害	做出判断的理由	控制危害的措施
		生物性危害				
		化学性危害				
		物理性危害				
		生物性危害				
		化学性危害				
		物理性危害				

三、考核评价

食品生产原辅料危害来源分析考核评分标准

技能操作二　食品加工过程危害分析表的制定

资料单

一、蛋糕的生产工艺流程图

某款巧克力蛋糕的加工流程如图1所示。

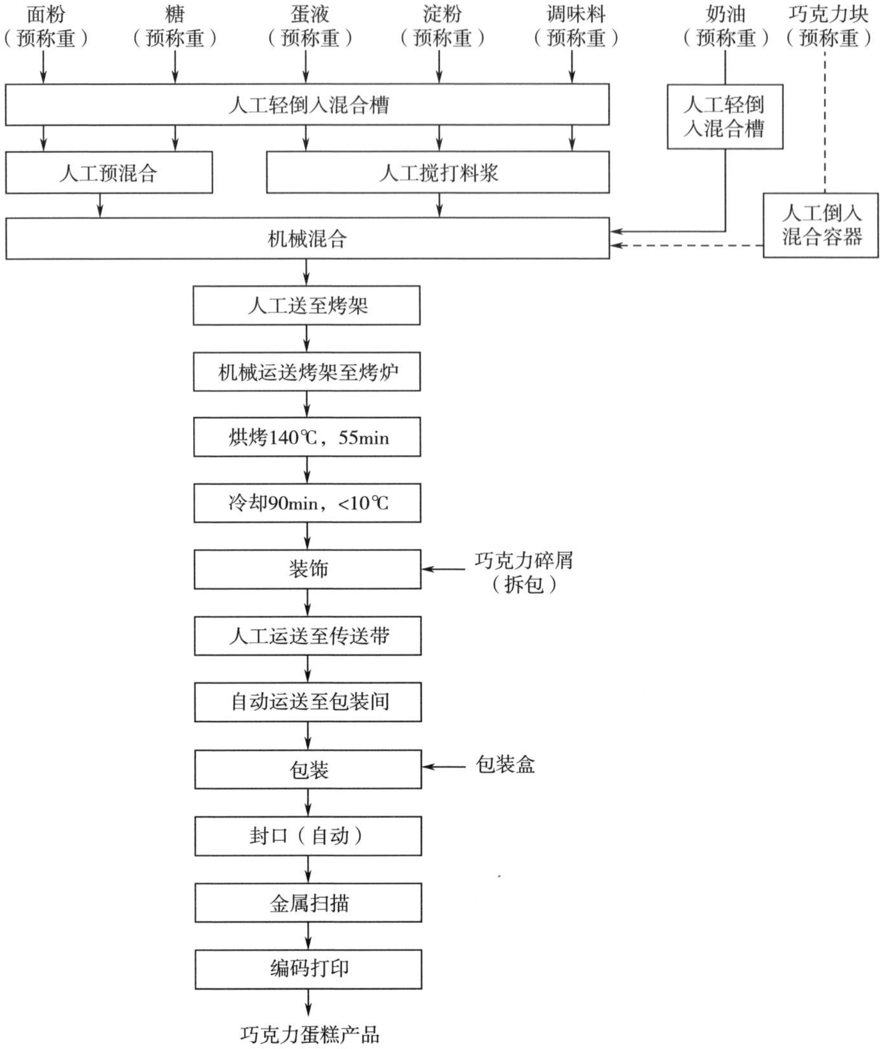

图 1　某款巧克力蛋糕加工流程图

二、沙门氏菌说明

菌属：沙门氏菌属。

来源：人与动物肠道。

疾病：通常为轻微到严重肠胃炎与发烧；可能致死。症状在食用后8~72h出现，一般持续2~3d。

传播：污染源包括直接的粪便污染、食品原料、水、土壤等。

感染剂量：可能非常低，例如少于10个微生物。

特性：非芽孢杆菌——适度加热即可杀灭，例如，牛乳的巴氏杀菌（71.7℃，15s），可在pH4.5~9.0生长，最佳pH为6.5~7.5，可在需氧或厌氧条件下生长，可在冷冻或干燥食品中生存。

生长温度范围：5.1～47.0℃；最佳温度为35～37℃。

三、CCP判断树

CCP判断树如图2所示。

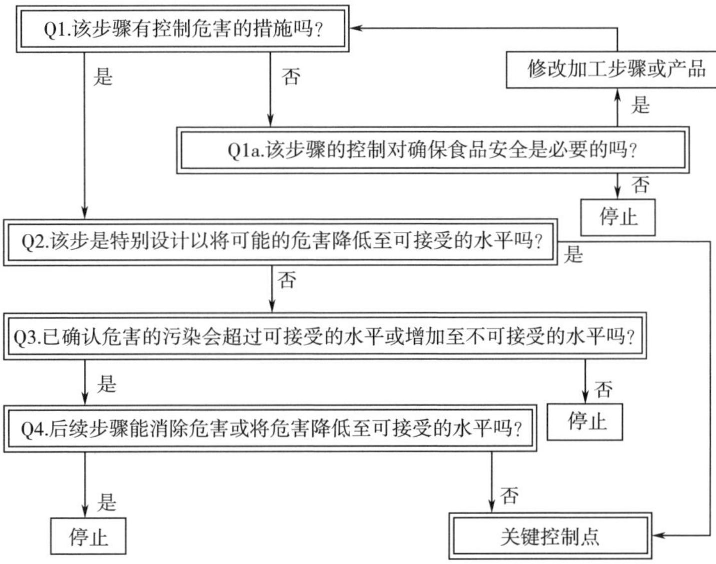

图2　CCP判断树

任务单

一、任务要求

假设你是某食品企业一位HACCP工作组成员，且该企业具备实施HACCP体系的前提条件［有良好操作规范（GMP）和SSOP］。请根据资料单提供的信息和相关专业知识，分析研究该企业生产的一款巧克力蛋糕产品加工过程中的生物性、化学性和物理性危害，制定并完成该产品加工过程中机械混合、烘烤两个步骤的危害分析表。

二、任务实施

（一）分组讨论，制订工作方案、确定人员分工

填写方案设计表。

方案设计表

<table>
<tr><td>组长</td><td></td><td>组员</td><td colspan="3"></td></tr>
<tr><td>学习项目</td><td colspan="5"></td></tr>
<tr><td>学习时间</td><td></td><td>地点</td><td></td><td>指导教师</td><td></td></tr>
<tr><td>准备内容与
实施步骤</td><td colspan="5"></td></tr>
<tr><td rowspan="5">任务分工</td><td>姓名</td><td colspan="3">工作分工</td><td>完成效果</td></tr>
<tr><td></td><td colspan="3"></td><td></td></tr>
<tr><td></td><td colspan="3"></td><td></td></tr>
<tr><td></td><td colspan="3"></td><td></td></tr>
<tr><td></td><td colspan="3"></td><td></td></tr>
</table>

（二）完成危害分析表格

填写巧克力蛋糕产品生产过程危害分析表。

巧克力蛋糕产品生产过程危害分析表

<table>
<tr><td>加工工序</td><td colspan="2">可能存在的潜在危害</td><td>潜在危害是
否显著</td><td>做出判断的
理由</td><td>控制危害的
措施</td><td>是否为
CCP</td></tr>
<tr><td rowspan="3">机械混合</td><td>生物性危害</td><td></td><td></td><td></td><td></td><td rowspan="3"></td></tr>
<tr><td>化学性危害</td><td></td><td></td><td></td><td></td></tr>
<tr><td>物理性危害</td><td></td><td></td><td></td><td></td></tr>
<tr><td rowspan="3">烘烤</td><td>生物性危害</td><td></td><td></td><td></td><td></td><td rowspan="3"></td></tr>
<tr><td>化学性危害</td><td></td><td></td><td></td><td></td></tr>
<tr><td>物理性危害</td><td></td><td></td><td></td><td></td></tr>
</table>

三、考核评价

食品加工过程危害分析表的制定分析考核评分标准

食品贮藏、加工与流通过程安全管理与控制知识点在线测试

模块五

粮农食品质量追溯

通过对粮食作物追溯信息的采集与记录、畜产品追溯信息的采集与记录两个项目的知识的学习和任务单的操作实践，了解和掌握追溯系统的识别、追溯信息的查询和追溯信息的记录等知识点和技能点对粮农食品安全评价的重要性，提高学生溯源信息查询与分析的能力，培养学生严谨求实的科学态度和工匠精神，根植社会责任感和爱国情怀。

考核项目一
粮食作物追溯信息的采集与记录

技能操作 玉米种植追溯信息的查询与记录

资料单

一、基本概念

（1）基本追溯信息　能够实现追溯系统中各参与方之间有效链接的必需信息。

（2）扩展追溯信息　除基本追溯信息外，与产品追溯相关的其他信息可以是产品质量或用于商业目的的信息。

二、玉米种植追溯信息

在种植阶段的产品溯源主要包括生产基地、种植、灌溉和施肥、病虫害和用药、采收、运输和销售等项目信息的采集，每个项目信息均包含若干基本追溯信息和扩展信息内容，企业用户通过录入相关内容的追溯数据实现种植阶段的产品追溯。种植环节追溯信息采集点详见表1。

表1　种植环节信息采集点

项目	内容	信息类型	
		基本追溯信息	扩展追溯信息
生产基地信息	基地名称、基地负责人、基地技术员、联系电话、地址或者组织机构代码、地块信息（位置、编号、种植品种及数量）	√	
	基地资质认证、基地编号、基地面积、基地平面图、基地人员出入情况、业务培训情况、水质及土壤检测报告		√
种植信息	品种信息（品种简介、是否转基因等）、播种时间、出苗日期、开花期、成熟期、种植者	√	
	种植方式、生长周期内异常的天气变化		√

续表

项目	内容	信息类型	
		基本追溯信息	扩展追溯信息
灌溉和施肥信息	灌溉和施肥日期、灌溉和施肥人、时间、肥料品种、肥料生产商	√	
	肥料使用方式、使用人、肥料成分，使用时天气状况、肥料产品批号、肥料购入时间、灌溉水质来源及水质状况		√
病虫草害和用药	药物名称、药物生产商、药物生产许可证号、药物批次号、药物使用日期	√	
	病虫害名称、发病时间、药物使用方式、使用人、使用人资质、药物成分、药物使用浓度、药物产品批号、药物登记证号、药物安全间隔期、药物的购入时间		√
采收信息	采收日期及时间、采收的基地编号	√	
	产品认证信息（如有机食品、绿色食品或无公害食品等）、采收量、采收人、产品编码与标识		√
采收后处理信息	处理方式	√	
	数量、处理时间、温度、湿度、卫生状况		√
运输信息	运输工具卫生状况、运输方式	√	
	运输起止时间、运输起止地点、运输途径、运输工具、运输人员		√
销售信息	客户基本信息：单位、联系人、电话、地址；销售记录：销售品种、数量、规格、时间、单位		√

三、实训条件

（1）玉米种植溯源系统一套。

（2）计算机、互联网。

四、实训步骤

1.开启玉米种植溯源演示系统平台

（1）输入网址www.szzhgk.com，进入登陆界面，见图1。

图 1　玉米种植溯源系统登陆界面

（2）输入指定的演示账号、密码、验证码，进入演示系统后台，见图2。

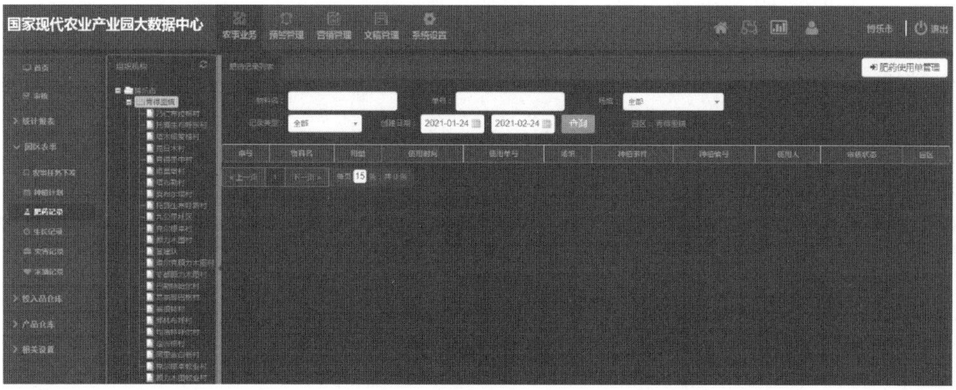

图 2　玉米种植溯源系统后台界面

2.查看相关信息

请根据表2查看玉米种植相关追溯信息。

表 2　玉米种植溯源查看信息一栏表

项目	查看内容
种植管理	种植信息：基地名称、基地位置、基地面积、种植品种、种植年份、种植者姓名及联系电话等
	种源信息：购买时间、购买人及联系方式、验货时间、验货人及联系方式 、库房地址、库房编号及入库时间等
	出入库信息：品牌、批次、品种、库房名称、库房编号及库房管理员、出入库申请人、出入库数量及总质量、出入库编号、出库时间等
	种源处理：出库编号、品种、等级、批次、数量、药剂名称及有效成分、药剂用量、处理时间、播种地块名称、地块编号、处理人等

续表

项目	查看内容
施药管理	农药采购信息：药剂名称、有效成分、生产厂家、批次、供应商名称及联系方式、采购人、采购数量、购买时间、验货人、存放库房名称及库房编号等
	农药出入库信息：库房名称及库房编号、药剂名称、有效成分、生产厂家、批次、出入库时间、出入库数量、入库管理人、出库申请人等
	农药使用信息：病害名称、药剂名称、生产厂家、批次、有效成分、施用时间、施用量、施用方式、配药人、施药人、基地名称及编号等
施肥管理	肥料采购信息：肥料名称、有效成分、生产厂家、批次、供应商名称及联系方式、采购人、采购数量、购买时间、验货人、存放库房名称及库房编号等
	肥料出入库信息：库房名称及库房编号、肥料名称、有效成分、生产厂家、批次、出入库时间、出入库数量、入库管理人、出库申请人等
	肥料使用信息：施用时间、肥料名称、生产厂家、批次、有效成分、施用量、施用方式、基地名称、基地编号及责任人等
采收管理	基地名称及编号、品种、收获日期、收获面积、收获批次、收获数量、责任人等
出入库管理	交易信息：品种、等级、数量、包装规格、收购单位名称、收购单位地址、联系方式及交易时间、销售人、联系方式、交易地点等
	运输信息：品种、数量、包装规格、供应商名称、联系方式、发货编号、收获单位地址、发货时间、接收商名称、联系方式、接收地点、接收时间、司机姓名、车牌号及联系方式等
	出入库信息：运货方名称及联系方式、运输车牌号、地址、仓库地址、仓库编号、品种、批次、包装规格、数量、出入库负责人、存放位置等

五、数据记录

请将玉米种植过程的追溯数据完整记录于相应信息表中。

任务单

一、任务要求

利用玉米种植溯源系统完成玉米种植环节生产基地、种植、灌溉和施肥、病虫草害和用药、采收和运输等基本追溯信息的采集，能准确记录、核实相关信息。

二、任务实施

（一）分组讨论，制订工作方案、确定人员分工

填写方案设计表（附表1）。

（二）追溯信息采集的准备

（1）玉米种植溯源系统。

（2）计算机、互联网。

（三）信息查询

按照资料单中实训步骤操作。

（四）信息记录

玉米种植综合信息记录表

种植年份		种植者姓名		联系方式	
住址					
基地名称		基地编号		面积	
基地位置					
种植品种		上茬作物			
备注					

注1：附土壤检测报告复印件；
注2：附灌溉水水质检测报告复印件

玉米来源信息记录表

购买时间		购买人		联系方式	
验货时间		验货人		联系方式	
入库时间		库房编号			
库房地点					
品牌		批次		品种	
等级		包装规格		数量	
产地					
供应商		联系方式			
备注					

注1：附销售合同复印件；
注2：自育种时附育种记录或复印件

玉米出入库信息记录表

库房名称		库房编号		库房管理员	
入库登记					
入库申请人		入库编号		入库编号	
品牌		批次		品种	
包装规格		数量		总质量	
出库登记					
出库申请人		出库时间		出库编号	
品牌		批次		品种	
包装规格		数量		总质量	
备注					

玉米处理信息记录表

出库编号		品种		批次	
等级		处理日期		用量	
药剂名称		有效成分		药剂用量	
播种地块名称		地块编号		处理人	
备注					

农药采购信息记录表

序号	药剂名称	有效成分	生产厂家	生产日期	批次	供应商名称	联系方式	采购人	包装规格	采购数量	购买时间	验货人	存放库房名称	库房编号

农药出入库信息记录表

序号	库房名称	库房编号	药剂名称	有效成分	生产厂家	批次	包装规格	入库			出库		
								时间	数量	管理人	时间	数量	出库申请人

农药使用信息记录表

序号	病害名称	药剂名称	生产厂家	批次	有效成分	施用时间	施用量	施用方式	配药人	施药人	基地名称	基地编号

肥料采购信息记录表

序号	肥料名称	有效成分	生产厂家	生产日期	批次	供应商名称	联系方式	采购人	包装规格	采购数量	购买时间	验货人	存放库房名称	库房编号

肥料出入库信息记录表

序号	库房名称	库房编号	肥料名称	有效成分	生产厂家	批次	包装规格	入库			出库		
								时间	数量	管理人	时间	数量	出库申请人

肥料使用信息记录表

序号	施用时间	肥料名称	生产厂家	批次	有效成分	施用量	施用方式	基地名称	基地编号	责任人

灌溉信息记录表

<table>
<tr><th rowspan="2">灌溉次数</th><th rowspan="2">灌溉日期</th><th rowspan="2">灌溉方式</th><th rowspan="2">灌溉水流速</th><th rowspan="2">浇灌时间/h</th><th rowspan="2">灌水量</th><th rowspan="2">操作人</th><th colspan="2">水肥药耦合情况</th></tr>
<tr><th>水肥耦合</th><th>水药耦合</th></tr>
<tr><td>1</td><td></td><td></td><td></td><td></td><td></td><td></td><td></td><td></td></tr>
<tr><td>--- ---</td><td></td><td></td><td></td><td></td><td></td><td></td><td></td><td></td></tr>
<tr><td>备注</td><td colspan="8"></td></tr>
</table>

收获信息记录表

收获日期	基地名称	基地编号	品种	收获面积	收获批次	包装规格	数量	总质量	责任人

交易信息记录表

收购单位名称		联系方式		交易时间	
收获单位地址					
销售人		联系方式		品种	
交易地点					
批次		等级		包装规格	
数量		总质量			
注：附交易凭证复印件					

运输信息记录表

供应商名称		联系方式		发货编号	
收获单位地址				发货时间	
接收商名称		联系方式		品种	
接收地点				接收时间	
包装规格		数量		总质量	
司机姓名		联系方式		车牌号	
备注					

出入库信息记录表

运货方名称		联系方式		运输车牌号		
地址						
仓库地址				仓库编号		
品种	批次	包装规格	数量	总质量	出（入）库负责人	存放位置
备注						

三、考核评价

玉米种植追溯信息的查询与记录考核评分标准

粮食作物追溯信息的采集与记录知识点在线测试

粮农食品质量追溯仿真

参考文献

刘书明.基于物联网技术的玉米产品可追溯系统研究［D］.吉林：吉林农业大学，2015.

考核项目二
畜产品追溯信息的采集与记录

技能操作　肉牛养殖追溯信息的查询与记录

资料单

一、基本概念

（1）记录信息　粮农食品生产、加工、流通中任意环节记录的信息内容。

（2）（动物）防疫　综合运用多种手段，发动全社会力量，依照动物疫病发生、发展和消亡的科学规律，对动物从引种、饲养、经营、销售、运输、屠宰到动物产品加工、经营、贮藏、运输、销售等各个环节严格实施预防、控制、扑灭和检疫措施，保障动物健康及其产品安全的一项系统性工作。

（3）（动物）检疫　通过动物检疫，对可疑或已证实的疫病对象实行强制隔离，或做出适当处理，目的是防止动物传染病的传播，保障畜牧业生产和人民健康。

二、肉牛养殖追溯信息

畜产品中肉牛追溯主要包含肉牛养殖、屠宰加工、仓储物流三大环节。

1.肉牛养殖环节

规模化肉牛养殖企业从零散牛养殖者手上收购架子牛。养殖场在纳入新牛前，对架子牛进行入场检疫，检疫合格后，对牛只个体进行重量记录、编号、建立基本档案，之后进入一个月的入场前观察阶段。在入场观察阶段，工作人员要进行驱虫、消毒和免疫准备，架子牛被确认健康后，进入饲养育肥环节。饲养育肥阶段涉及饲料投喂、消毒、免疫、治疗、入群等环节，时间跨度较大，在2~3个月。当地检疫部门的监督执行休药期期满后，养殖场出具该肉牛饲养档案的复印件随同出栏牛肉一起送达客户。整个环节记录到追溯系统中的数据均以牛耳标为唯一标识作为主键记录。

2.屠宰加工环节

牛的屠宰加工环节是整个供应链过程中的中间环节，主要流程为：入场→倒挂→屠宰→放血→去蹄转轨→剥皮→开膛→去头、前蹄→净腔→劈半修整→过秤→评级入排酸库。屠宰前后的检疫是保证上市牛肉质量安全的关键，因此追溯系统在屠宰环节的追溯重点是检验检疫结果是否符合标准。分割包装包括对排酸完成的牛胴体按消费者需求进行大小、重量分割，分割完成后立即包装。包装环节是关键环节。在该环节需对包装环境、包装材料、包装操作人员的基本信息进行记录，之后进入仓储环节。

3.仓储物流环节

仓储物流环节主要包括仓储和冷链运输。仓储方式有速冻和冷藏两种，该过程需对操作员、冷藏（速冻）环境的时间、环境温度等进行信息记录。冷链运输环节需要对运输车辆、车辆驾驶员、运输时间、冷链车辆车厢环境等进行信息记录。

养殖环节基本追溯信息采集点见表1。

表1 养殖环节基本追溯信息采集点

项目	查看内容
圈舍信息	圈舍编号、圈舍名称、栏编号、栏名称、归属圈舍编号、归属圈舍名称
牛只档案	牛号、业务类型、简称、进场批次编号、进场日期、进场原因、离场批次编号、离场日期、离场原因、圈舍编号、圈舍名称、栏编号、栏名称、性别、月龄、品种、花色、体重、养殖种类、出生日期、来源耳标号、来源地、死亡日期、照片、在场（与否）
进场离场批次（登记）	批次、业务类型、登记时间、总数量、审核人、创建时间
进场登记明细	批次、业务类型、进场日期、牛号、圈舍编号、圈舍名称、栏编号、栏名称、性别、年龄、品种、花色、体重、养殖种类、出生日期、来源耳标号、来源地、状态
离场登记明细	批次号、业务类型、进场日期、牛号、圈舍编号、圈舍名称、栏编号、栏名称、性别、年龄、品种、花色、体重、养殖种类、死亡日期、处理方式、处理单位、状态
饲喂管理信息	饲料名称、生产厂家、批次、用量、成分、开始使用日期、停止使用日期
发情信息	牛号、圈舍编号、发情日期、发情症状、揭发方式、允许配种（与否）、未配原因、操作员
配种信息	牛号、圈舍编号、配种日期、配种方式、冻精、配种次数、操作员
消毒记录	消毒时间、消毒场所、药品名称、剂量、使用方法
免疫记录	免疫牛号、疫苗名称、疫苗生产厂、疫苗批号、有效期、免疫方法、使用剂量
诊疗记录	诊疗日期、诊疗牛号、病因、用药名称、用药方法、诊疗结果、操作人
防疫监测记录	采样日期、圈舍编号、采样数量、监测项目、监测单位、检测结果、处理情况
病死畜禽无害化处理信息	处理日期、牛号、处理或死亡原因、处理方式、处理方法、处理单位、
物流信息	牛号、发货人、发货人联系电话、发货地址、收货人、收货人联系电话、收货详细地址、物流单号、物流路径、车牌号、司机信息
屠宰信息	屠宰场名称、法人、联系电话、地址、营业执照、营业执照照片、屠宰场照片
动物检疫信息	牛只基本信息、检疫证照片、检疫时间、检疫单位、检疫人、检疫人电话

三、实训条件

（1）肉牛养殖追溯演示系统。

（2）计算机、互联网。

四、实训步骤

1.开启肉牛养殖追溯演示系统平台

（1）输入网址http：//8hyk4jq.nat.ipyingshe.com，进入登录界面，见图1。

图 1　肉牛养殖追溯演示系统登录界面

（2）输入指定的演示账号、密码、验证码，进入演示系统后台，见图2。

图 2　肉牛养殖追溯演示系统后台界面

2.查看相关信息

请根据表2查看肉牛养殖相关追溯信息。

表 2　肉牛养殖追溯查看信息一栏表

内容	查看信息
圈舍管理	圈舍信息、圈舍名称、栏信息、栏名称、归属圈舍等信息
牛群管理	牛号、溯源二维码、进离场信息、归属圈舍、栏信息、性别、品种、出生日期、来源等信息
	进场、离场模板下载、批量进场、离场、进场、离场审核等
	进场登记明细、牛只进场基本信息等
	离场登机明细、牛只离场基本信息等
饲喂管理	饲料名称、生产厂家、批次号、用量、成分等
繁育管理	发情登记、配种登记、产犊登记等
疾病健康	消毒记录：消毒时间、消毒场所、药品名称、剂量、使用方法等
	免疫记录：免疫牛号、疫苗名称、疫苗生产厂、疫苗批号、有效期、免疫方法、使用剂量等
	诊疗记录：诊疗日期、诊疗牛号、病因、用药名称、用药方法、诊疗结果、操作人等
	防疫监测记录：采样日期、圈舍编号、采样数量、监测项目、监测单位、检测结果、处理情况等
	病死畜禽无害化处理：处理日期、牛号、处理或死亡原因、处理方式、处理方法、处理单位等
屠宰加工	屠宰场名称、法人、联系电话、地址、营业执照、营业执照照片、屠宰场照片等
物流运输	牛号、发货人、发货人联系电话、发货地址、收货人、收货人联系电话、收货详细地址、物流单号、物流路径、车牌号、司机等信息
动物检疫	牛只基本信息、检疫证照片、检疫时间、检疫单位、检疫人、检疫人电话等信息

五、数据记录

请将肉牛养殖过程的追溯数据完整记录于相应信息表中。

任务单

一、任务要求

利用肉牛养殖追溯演示系统完成肉牛养殖环节的圈舍、存栏、牛只进出离场，兽药使用、疾病健康、屠宰加工、动物检疫、物流运输等基本追溯信息的采集，能准确记录、核实相关信息。

二、任务实施

（一）分组讨论，制订工作方案、确定人员分工

填写方案设计表（附表1）。

（二）追溯信息采集的准备

（1）肉牛养殖追溯演示系统。

（2）计算机、互联网。

（三）信息查询

按照资料单中实训步骤操作。

（四）信息记录

圈舍信息记录表

圈舍编号		圈舍名称	

栏信息记录表

栏编号		栏名称	
归属圈舍编号		归属圈舍名称	

牛只档案信息记录表

动物编号		牛号		溯源二维码	
简称		业务类型			
进场登记					
进场批次编号		进场日期		进场原因	
离场登记					
离场批次编号		离场日期		离场原因	
基本信息					
圈舍编号		圈舍名称		栏编号	
栏名称		性别		月龄	
体重		金额		品种	
花色		养殖种类		出生日期	
来源耳标号		来源地		死亡日期	
照片		是否在场		创建时间	
备注					

进场离场批次记录表

批次		业务类型		总数量	
审核发起人		审核状态		审核人	
待审信息		审核备注		登记日期	
审核日期		创建时间			
备注					

进场登记明细记录表

流水号	批次	业务类型	进场日期	记账日期	编号	牛号	简称	圈舍编号	圈舍名称	栏编号	栏名称	登记日期	性别	品种	花色	体重	金额	养殖种类	出生日期	来源耳标号	来源地	状态	备注

离场登记明细记录表

流水号	批次号	业务类型	离场类型	记账日期	编号	牛号	简称	圈舍编号	圈舍名称	栏编号	栏名称	登记日期	性别	品种	花色	体重	金额	养殖种类	死亡日期	处理方式	处理单位	状态	备注

饲料使用记录表

流水号	投入产品名称	生产厂家	批次	加工日期	用量	开始使用日期	停止使用日期	备注（成分）	创建时间

发情登记记录表

牧场	发情日期	耳标号	牛舍	发情症状	揭发方式	允许配种	未配原因	操作员

配种登记记录表

牧场	配种日期	耳标号	牛舍	配种方式	冻精	配种员

产犊登记记录表

牧场	产犊日期	耳标号（母）	产犊类型	产犊描述	产犊难易度	难产原因	操作员

消毒记录表

流水号	操作日期	消毒场所	消毒药名称	剂量	浓度	消毒方法	备注	操作人	创建时间

免疫记录表

流水号	动物编号	牛号	圈舍编号	圈舍名称	疫苗名称	疫苗生产厂	疫苗批号	疫苗有效期	疫苗方法	疫苗剂量	备注	操作人	创建时间

诊疗记录表

流水号	诊疗日期	编号	牛号	圈舍编号	圈舍名称	日龄	病因	用药名称	用药方法	治疗结果	操作人	创建时间

防疫监测记录表

流水号	采样日期	圈舍编号	圈舍名称	采样数量	监测项目	监测单位	监测结果	处理情况	操作人	创建时间

病死畜禽无害化处理记录表

流水号	处理日期	牛号	数量	处理或死亡原因	处理方式	处理方法	处理单位	创建时间

兽药使用记录表

流水号	兽药名称	生产厂家	批号	用量	开始使用日期	停止使用日期	创建时间

屠宰场信息记录表

企业编号	屠宰企业名称	法人	联系电话	地址	营业执照号	营业执照照片	屠宰场照片	是否生效	操作员	创建时间

物流信息记录表

物流批次编号	牛号	发货人	发货人联系电话	发货地址	收货人	收货人联系电话	省	市	区	详细地址	物流单号	物流路径	车牌号	司机姓名	司机电话	创建时间

动物检疫信息记录表

流水号	业务类型	编号	牛号	进场日期	圈舍编号	圈舍名称	性别	月龄	品种	花色	养殖种类	出生日期	来源耳标号	来源地	检疫证照片	检疫证编号	检疫时间	检疫单位	检疫人	检疫人电话	操作员	创建时间

三、考核评价

肉牛养殖追溯信息的查询与记录考核评分标准

畜产品追溯信息的采集与记录知识点在线测试

附 录

附表 1 方案设计表

<table>
<tr><td>组长</td><td></td><td>组员</td><td colspan="3"></td></tr>
<tr><td>学习项目</td><td colspan="5"></td></tr>
<tr><td>学习时间</td><td></td><td>地点</td><td></td><td>指导教师</td><td></td></tr>
<tr><td rowspan="3">准备内容</td><td>仪器设备</td><td colspan="4"></td></tr>
<tr><td>试剂耗材</td><td colspan="4"></td></tr>
<tr><td>样品</td><td colspan="4"></td></tr>
<tr><td>具体步骤</td><td colspan="5"></td></tr>
<tr><td rowspan="7">任务分工</td><td>姓名</td><td colspan="3">工作分工</td><td>完成效果</td></tr>
<tr><td></td><td colspan="3"></td><td></td></tr>
<tr><td></td><td colspan="3"></td><td></td></tr>
<tr><td></td><td colspan="3"></td><td></td></tr>
<tr><td></td><td colspan="3"></td><td></td></tr>
<tr><td></td><td colspan="3"></td><td></td></tr>
<tr><td></td><td colspan="3"></td><td></td></tr>
</table>

附表 2　试剂配制表

组号	所需试剂名称	浓度	用量	配制方法

附表 3　所需仪器设备统计表

仪器设备名称	型号（容量）（mL）	数量（个）	使用前情况	使用后情况